Graphene

一本书读懂
石墨烯

由 伟 编著

化学工业出版社

·北京·

内 容 简 介

本书对石墨烯进行了比较全面的介绍，包括它的发现过程、基本性质、应用领域、制备方法、检测方法、发展前景等。本书是面向大众的科普读物，内容兼具科学性和趣味性。通过阅读本书，读者一方面能够了解石墨烯的专业知识，另一方面，也是更重要的，是让读者了解和体会科学家对自然界的好奇心、对工作的严谨态度以及他们的创新意识。

本书适宜中学生、大学生等青年读者阅读。

图书在版编目（CIP）数据

一本书读懂石墨烯/由伟编著．—北京：化学工业出版社，2021.11

ISBN 978-7-122-39873-4

I.①一⋯ II.①由⋯ III.①石墨烯 IV.①TB383

中国版本图书馆 CIP 数据核字（2021）第 184312 号

责任编辑：邢　涛　　　　　　　　文字编辑：袁　宁
责任校对：宋　玮　　　　　　　　装帧设计：韩　飞

出版发行：化学工业出版社（北京市东城区青年湖南街 13 号　邮政编码 100011）
印　　刷：北京京华铭诚工贸有限公司
装　　订：三河市振勇印装有限公司
710mm×1000mm　1/16　印张 18½　字数 291 千字　2022 年 1 月北京第 1 版第 1 次印刷

购书咨询：010-64518888　　　　　　售后服务：010-64518899
网　　址：http://www.cip.com.cn
凡购买本书，如有缺损质量问题，本社销售中心负责调换。

定　　价：88.00 元　　　　　　　　　　　　版权所有　违者必究

前　言

"虽然石墨烯现在已不是一个新词了，但它将不断带给我们新惊喜。"这句话出自石墨烯的发现者、2010 年诺贝尔物理学奖获得者安德烈·海姆。

确实，从石墨烯被发现至今，已经过去十几年，人们对这个名字已经很熟悉了，很少再像当初那样知之甚少。

然而，关于石墨烯的话题从来没有终止过。现在仍不时地出现关于石墨烯的新闻，比如，高性能的石墨烯电池、石墨烯触控屏、石墨烯柔性电子设备……在股票市场里，石墨烯板块、石墨烯概念股异军突起，成为一支不可忽视的力量，经常有出人意料的表现。

可以想见，石墨烯的明天会更好。

在图书市场里，已经有一些关于石墨烯的书籍了，但它们多数是面向专业科研人员的，而面向普通读者，尤其是广大青少年读者的书籍还比较少，本书正是为了弥补这个空白而写作的。它的内容比较全面，语言通俗易懂，通过阅读本书，读者可以较全面地了解石墨烯的相关知识，包括发现过程、基本性质、应用领域、制备方法、检测方法、发展前景等。

本书具有下面几个突出的特点。

① 内容新颖　介绍了石墨烯最新的研究进展，包括独特的性质、广阔的应用前景、新奇的制备方法以及未来的发展趋势等。

② 科学性和趣味性兼顾　笔者尽量做到兼顾科学性和趣味性，引用读者身边或感兴趣的实例和话题对石墨烯进行介绍，从而引起读者的兴趣。

③ 强调科学知识和科学家对青少年读者的启迪作用，培养他们的科

学精神和科学思维方法，从而提高青少年的科学素养。通过阅读本书，青少年能够对大自然更加充满好奇心，在将来的学习和工作中具备更强的创新精神，对学习和工作更加严谨，而且具有一颗淡泊名利的平常心。

在本书的写作过程中，笔者参考、引用了大量同行的研究成果和资料，在这里对他们表示衷心的感谢。

本书的内容涵盖面很宽，而笔者的知识和水平有限，所以书中不足之处希望读者谅解并提出宝贵意见，以便笔者将来加以改进和完善。

由　伟
2021 年 5 月于燕郊

（联系方式：Email：429665519@qq.com。）

目　录

第一章

有趣的发现

2010年10月5日，瑞典皇家科学院宣布，英国曼彻斯特大学的两位科学家——安德烈·海姆（Andre Geim）和康斯坦丁·诺沃肖洛夫（Konstantin Novoselov）获得了当年的诺贝尔物理学奖，因为他们制备了一种新材料——石墨烯。

从那时起，"石墨烯"这个名词进入了人们的视野，很快在学术界、产业界掀起了一股股热潮，一直持续到现在：人们平时经常会听到关于它的一些名词，比如"石墨烯电池""石墨烯地暖""石墨烯防弹衣"，甚至"石墨烯轮胎""石墨烯内衣"等。

在股票市场上，"石墨烯"这个词也经常引起人们的注意。比如，2020年10月23日，腾讯新闻上刊登了一则报道——《石墨烯概念股走强，石墨烯电池成小米10至尊版最大亮点》，主要内容为："昨日，小米集团手机部总裁曾学忠科普小米10至尊版的电池技术称，小米10至尊版应用了石墨烯技术。"得益于石墨烯的诸多优势，小米10至尊版实现了高达120W的快充，只需23min，即可将4500mAh电池充满。

这个名字有点古怪的"石墨烯"到底是什么东西呢？

第一节 石墨烯是什么

一、石墨烯和石墨的关系

看到"石墨烯"这个名字，很多人自然会想到石墨。实际上，石墨烯确实

和石墨有关系，简单地说，石墨烯（Graphene）就是单层的石墨，如图 1-1
所示。

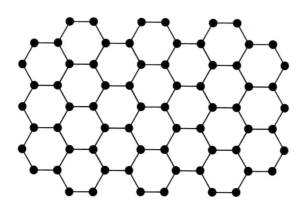

图 1-1　石墨烯结构示意

大家知道，石墨是碳的一种同素异形体，是由很多层碳原子组成的层状结构，如图 1-2 所示。

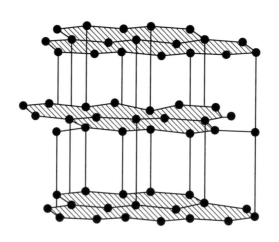

图 1-2　石墨的结构

所以，可以认为，石墨是由很多层薄片组成的三维结构，如果把这些薄片
一层层地剥下来，就得到了石墨烯。

所以，石墨烯是一种很薄的材料，它是由一层碳原子组成的，厚度不到

1nm，所以是一种典型的二维纳米材料或纳米薄膜材料。

二、名字的由来

人们为什么把这种石墨薄片叫做石墨烯呢？这和它的结构有关系。

在化学领域里，有一类物质叫多环芳香烃，它是由多个苯环组成的，图1-3 是其中几种多环芳香烃的结构示意图。

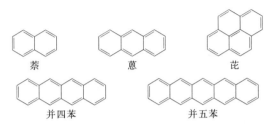

萘　　　　　蒽　　　　　　芘

并四苯　　　　　　　　并五苯

图 1-3　几种多环芳香烃

多环芳香烃的种类有很多，它们的名字的英文单词都带一个后缀 "-ene"，如 naphthalene（萘）、anthracene（蒽）、pyrene（芘）、benzopyrene（苯并芘）等。

人们认为，单层石墨薄片的结构和多环芳香烃类似，可以认为，它也属于一种多环芳香烃。所以，如果要给它起名字的话，单词也应该带有后缀 "-ene"，而且，由于它是从石墨里得到的，所以，人们就给它起了一个名字叫graphene，"graph" 代表石墨。

另外，还有一类化学物质——烯烃，人们对它们更熟悉，它们的英文名称也带后缀 "-ene"，如 ethylene（乙烯）、propylene（丙烯）、butadiene（丁二烯）等。所以，在中文里，人们就把 graphene 叫做石墨烯了。实际上，石墨烯并不是烯烃。这一点，有点类似于"壁虎"和"虎"、"蜗牛"和"牛"的关系。

第二节　石墨烯的发现过程

人们发现或制备石墨烯，实际上经历了很长的时间。

早在 19 世纪末期，人们就已经知道，石墨的微观结构是层状的。人们常说："好奇是儿童的天性。"其实这句话对成年人也适用——多数人都有好奇心。于是，有些"好事者"就想：能不能把石墨一层层地剥开呢？在这种好奇心的驱使下，有人很快就付诸行动——他们设计了很巧妙的办法，其中一种是：把一些物质渗进石墨层的间隙里，它们会把石墨层撑开，石墨片互相分离，这样就得到了石墨薄片。如图 1-4 所示。

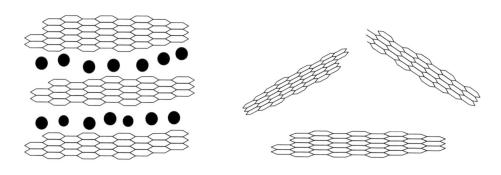

图 1-4　剥离石墨

他们当时认为自己已经成功了。用现在的眼光来看，当时他们确实可能制备出了石墨烯。但是遗憾的是，即使当时他们真的制备出了石墨烯，但是那些石墨烯和其它比较厚的石墨片混合在一起，他们并没有把单独的一片石墨烯分离出来。不知道当时他们是没有想到这一点，还是做不到这一点。总之，当时的工作就到此为止了，人们没有再继续研究。

1918 年，有两位科学家 V. Kohlschütter 和 P. Haenni 认真研究了氧化石墨薄膜。这种薄膜特别薄，当时他们把它叫做石墨氧化物纸。

1947 年，有一位叫菲利普·华莱士的科学家用理论方法计算了单层石墨片（即现在的石墨烯）里的电子的运动情况。

1948 年，另外两位科学家 G. Ruess 和 F. Vogt 制备了很薄的石墨薄膜，并用透射电子显微镜拍摄了它的照片。现在人们发现，当时他们制备的薄膜和目前的石墨烯已经很接近了：是由几层石墨烯构成的。

2004 年，英国曼彻斯特大学的两位科学家安德烈·海姆（Andre Geim）和康斯坦丁·诺沃肖洛夫（Konstantin Novoselov）用一种巧妙的方法制备出了单层石墨烯：他们把一块石墨粘在玻璃上，然后用胶带粘住石墨，把它撕开，这样，胶带就把玻璃上的石墨粘走一块，石墨变薄了；然后，再用另一片胶带粘住玻璃上的石墨，再撕开，……，这样反复撕、揭，玻璃上的石墨越来越薄；最后，他们从留在玻璃上的石墨片里发现了单层石墨，就是石墨烯。

第三节　一石激起千层浪

海姆和诺沃肖洛夫的发现公开后，很快就在全世界引起了轰动，可谓"一石激起千层浪"。和其它很多诺贝尔奖获奖成果相比，石墨烯引起的轰动效应有两个特点：一个是影响范围广；一个是持续时间长。

先看第一个特点：影响范围广。石墨烯本来是一项科研成果，一般情况下，科研成果主要是影响科研人员。但是石墨烯不是这样，它首先在科学界引起了轰动，很快，它在其它领域也引起了轰动，程度甚至超过了科学界。"其它领域"包括产业界，如工业、经济、医疗、环保、军事，金融投资领域，以及百姓的日常生活。也就是说，石墨烯的影响渗透到了社会的很多方面。

第二个特点：持续时间长。一般来说，每年的诺贝尔奖公布后，都会引起一些轰动。但是多数情况下，这种轰动持续的时间一般都不太长：有的甚至只有几天，然后就会平静下来。但是，石墨烯不是这样：到现在为止，它的影响已经持续十多年了，而且按目前的趋势，还无法准确判断它还会持续多长时间。

总的来说就一句话：这种情况很少见。

为什么会出现这种情况呢？可以从以下几个方面来分析。

一、颠覆了人们的传统观念

在石墨烯被制备出来之前，多年来，在科学界一直存在一个预言，这个预言是由苏联的物理学家朗道（L. D. Landau）提出的，他断言：在绝对零度以上，理想的二维晶体不可能单独、稳定地存在。

朗道是世界著名的物理学家，素有"神童""天才""全能物理学家"之称，曾获得 1962 年诺贝尔物理学奖，在国际物理学界影响深远。所以，人们自然很重视他的预言。而且，后来其他一些科学家分别从理论和实验方面证实，这个预言确实是正确的。

　　单层的石墨片就是一种理想的二维晶体，所以，很多人认为，它只是一种想象中的材料，在现实中不可能存在，更不可能人为地制造出来。

　　而且，人们从来没有见过理想的二维晶体，即使有人进行过尝试，但从来也没有取得过成功，所以，人们更加坚定了这样的观念：理想的二维晶体是不可能制造出来的，于是很多人就主动放弃了努力。

　　后来甚至都有这样的事情：如果有人打算尝试，会受到别人的嘲笑，"这个家伙肯定有毛病，连这么简单的道理都不懂"。于是，这些人自己可能会想："是啊，这怎么可能呢？"于是就放弃了。

　　然而，海姆和诺沃肖洛夫成功制备出石墨烯后，这个存在了半个多世纪的理论预言被推翻了。他们的结果表明：采用合适的方法，完全可以制造出理想的二维晶体——石墨烯，即使在常温、常压、空气环境中，它也能稳定地单独存在！

　　可以想象，当人的内心中一个根深蒂固的观念被颠覆时，人的心理会发生多么剧烈的变化，影视剧中经常有这样的情节：有人会为此精神失常，甚至走上绝路！而另一方面，新观念带给人的冲击和震动会有多么强烈！2010年诺贝尔物理学奖评审委员会在颁奖词中有这么一句话："今年的物理学奖更显得令人惊讶。"

二、"新材料之王"

　　在成功制备出石墨烯之后，研究者进一步研究了它的性质，结果令他们激动不已：石墨烯具有多种新颖的、优异的性质，比如高硬度、高强度、优异的导电性和导热性、高透光性……，其中很多性质都比现有的最好的材料还好！

　　所以，很快，石墨烯就获得"新材料之王""超级材料"等美名，成为继富勒烯、超导材料、碳纳米管等新材料之后的又一个光芒四射的明星。有人把它称为21世纪最有价值的发现之一，具有里程碑式的意义。

三、广阔的前景——石墨烯时代

　　由于具有优异的性质，石墨烯被认为是一种革命性的新材料，人们预测，它在很多领域都具有重要的应用前景，如电子信息、新能源、机械制造、汽车、航空航天、生物医药、环境保护等，石墨烯有可能促进这些行业的技术进步，甚至引发一场产业革命。

有人甚至提出，将来人类有可能进入一个新时代——石墨烯时代。在历史发展进程中，人类先后经历了石器时代、青铜时代、铁器时代，目前正处于硅时代，而人们普遍认为，将来石墨烯会取代硅，从而使人类进入一个新的发展阶段——石墨烯时代。

一些权威机构和人士也对石墨烯的未来发表了热情洋溢的评价和展望。比如，瑞典皇家科学院评价说：石墨烯能够生产创新型电子器件、太阳能电池等多种产品，从而促进电子、汽车、航天工业的发展。曼彻斯特大学副校长 Colin Bailey 教授说："石墨烯有可能彻底改变数量庞大的各种应用，从智能手机和超高速宽带到药物输送和计算机芯片。"哈佛大学教授 Bob Westervelt 说："石墨烯是一种令人兴奋的新材料，具有非同寻常的属性，未来会十分有趣。"

总之，石墨烯迅速成为王冠上的宝石，在科学界、产业界、金融投资界甚至街头巷尾，无数人在谈论石墨烯，谁也不愿当着别人的面说自己不了解石墨烯，那样就显得自己太"OUT"了。

第二章

显赫的家族 I

——石墨

瑞典皇家科学院在授予海姆和诺沃肖洛夫 2010 年诺贝尔物理学奖的颁奖词中有一句话："地球上所有已知生命的最基础物质——碳，再一次使人们感到意外。"

听到这句话，人们可能会感到奇怪：为什么说碳"再一次使人们感到意外"呢？

它包括三方面的含义。首先，在目前人们已经发现的地球上的所有生物中，碳元素是构成它们的最基本的元素，因为生物体主要是由有机物组成的，如动物的皮肤、肌肉、血液；植物的叶子、茎、根等。在它们的化学成分中，碳是最重要、最基本的元素，碳是生命的基础，没有碳，它们就不会存在，地球上就没有这些生命。

第二方面的含义："使人们感到意外"。指上一章提到的两位科学家的成果：他们成功地制备了石墨烯，它是一种理想的二维晶体材料，推翻了存在已久的科学预言，而且具有多种优异的特性，具有广阔的应用前景。

第三方面的含义："再一次"。从这几个字可以看出，碳元素在以前也曾让人们感到意外，那些意外是什么呢？这就是这一章要介绍的内容。

第一节　碳材料家族

谈到"家族"，我们很容易想到一些赫赫有名的名字——洛克菲勒家族、摩根家族、福特家族、杜邦家族……，这些家族里的成员各有所长，使家族的事业在很长的时间里繁荣昌盛，正所谓"江山代有才人出，各领风骚数百年"。

在新材料领域里，也存在这样一个声名显赫的家族，这就是"碳材料家族"，它的成员的名字也都令人如雷贯耳——石墨、金刚石、富勒烯、碳纳米管、石墨烯。

碳材料家族的这几个成员都是碳元素的同素异形体，每个成员一出现，都引起了巨大的轰动，带给人们很大的意外。它们就像一个家庭里的五兄弟一样，容貌、性格各异，各有特色，如图 2-1 所示。

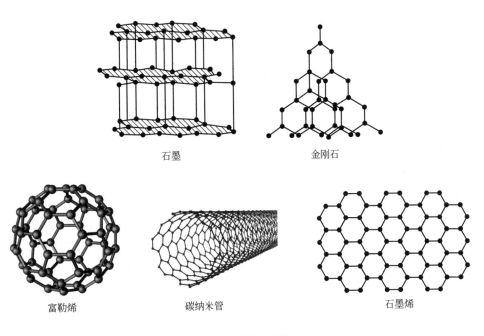

石墨　　　　　　　　　　金刚石

富勒烯　　　　　碳纳米管　　　　　　石墨烯

图 2-1　碳材料家族

第二节　石墨的性质

石墨是最常见的碳的同素异形体，我们很多人都知道：铅笔的笔芯就是用石墨制造的。

前面提到过，石墨具有层状结构，而且层和层之间的距离比较大。由于这种结构，使得它具有一些独特的性质。

一、硬度低、强度低、韧性差

这是因为，在石墨内部，碳原子层之间的距离比较大，互相之间的结合力就比较小，容易分离，所以石墨的强度低、硬度低。比如，用手指轻轻摩擦一块石墨，手指会被染黑，实际是粘上了一些石墨粉末。用铁锤或石头砸一块石墨块，很容易就会把它砸碎，这是因为它的韧性很差，很脆。

1822 年，德国有一位叫 F·摩斯的矿物学家，用自然界里的十种矿物的硬度作为标准，定出十个硬度等级，分别为 1～10 级，用它们评价所有材料的硬度。后来，很多人都使用这个方法。用它测试的材料硬度叫摩氏硬度或莫氏硬度。

在摩氏硬度中，金刚石的硬度最高，被定为 10 级；刚玉是第二名，是 9 级；水晶是 7 级；石膏的硬度比较低，是 2 级；最低的是滑石，是 1 级。

我们熟悉的一些材料的硬度是多少呢？我们知道，牙齿的硬度很高，经过测试，牙齿的摩氏硬度是 6～7 级；钢材的硬度和牙齿相当，也是 6～7 级。黄金很软，用牙齿可以咬动，它的硬度是多少呢？经过测试，只有 2.5～3 级。其它一些材料，如纯铜是 3 级，手指甲是 2.5 级，皮肤是 1.5 级。

那石墨是几级呢？

经过测试，它是 1 级，和滑石并列倒数第一！

二、润滑性

石墨的润滑性特别好：用两个手指蘸一点石墨粉末，互相一搓，会感觉很光滑。这也和石墨的微观结构有关：因为石墨的层与层之间的间距比较大，互相之间的吸引力比较小，所以摩擦系数较小，相互之间容易发生相对滑动。

三、耐热性

石墨在真空中的耐热性特别好，因为它的熔点很高，高达 3850℃，比我们熟悉的钨还要高（钨的熔点是 3410℃）。所以，在真空中，石墨的温度只要低于它的熔点，它就不会熔化。

石墨的高熔点还是来源于它的微观结构：在石墨的每个层上，碳原子之间的间距很小，互相之间的结合力很强，键能很大，所以熔点就很高。

四、热膨胀性

同样，由于石墨层中的碳原子间的结合力强，所以热胀冷缩现象不明显：在加热时，石墨的体积膨胀很小；冷却时，体积收缩也很小。这种性质使石墨在温度发生变化时，体积比较稳定，形状和尺寸都不容易改变。

五、导热性

石墨的导热性很好。这是因为碳原子的最外层有 4 个电子，在石墨里，每个碳原子和周围的三个碳原子连接，共用 3 个电子，这样每个碳原子会剩余一个自由电子，石墨里有很多个自由电子，它们可以通过互相碰撞而传递热量，所以使石墨的导热性很好。

六、导电性

石墨里的自由电子在电场的作用下可以自由运动、传输电荷，这就使石墨的导电性很好。

七、化学稳定性

在常温下，石墨的化学稳定性很好，不会发生氧化，而且能耐很多酸、碱、盐、有机溶剂的腐蚀。

但是在高温时，石墨的化学稳定性不好，因为碳容易和氧气在高温时发生化学反应，生成二氧化碳。所以，石墨在空气中的耐热性不好。

第三节　石墨的应用

由于具有上述性质，石墨在一些领域里有重要的应用。

一、制造铅笔的笔芯

由于石墨是黑色的而且很软，所以人们很早就用它写字、绘画了。古代的一些典籍里有这方面的记载，比如，我国北魏时期郦道元编著的《水经注》里，记载："洛水侧有石墨山。山石尽黑，可以书疏，故以石墨名山矣。"人们发现，商朝的一些出土文物，如甲骨、玉器、陶器上面，有的文字是用石墨写的。

现在人们使用的铅笔的笔芯是用石墨粉末和黏土混合在一起制造的。铅笔的型号不同，笔芯里的石墨和黏土的含量也不一样：石墨的含量越多，笔芯就越软，写出的字就越黑。目前，铅笔的型号有三类：H、HB、B。其中，H是 Hardness 的首字母，表示硬质铅笔，这类铅笔的笔芯里石墨含量比较少，所以比较硬，写出的字颜色较浅；B是 Black 的首字母，表示黑色，这类铅笔的笔芯里石墨含量较高，笔芯较软，写出的字颜色比较深；HB 表示硬度或黑度介于 H 类和 B 类之间。另外，H 类又包括 H、2H、……、10H 等品种，B类包括 B、2B、……、10B 等品种，铅笔的笔杆上都有标记。H 前的数字越大，表示硬度越高；B 前的数字越大，表示颜色越深，硬度越低。

铅笔的型号不一样，用途也不一样，比如绘画一般用 B 类铅笔，因为它画出的线条颜色比较深。我们知道，考试时填涂答题卡一般要求用 2B 铅笔，这是因为它的硬度较低，填涂的颜色比较深，适合计算机识别，而其它的颜色太浅或太深的铅笔都容易使计算机识别错误或不能识别，所以大家应该注意。

既然铅笔芯是用石墨和黏土制造的，这就出现了一个有趣的问题：为什么人们把它叫做"铅笔"而不叫"石墨笔"呢？铅笔里到底有铅吗？

关于这个问题，不同的人有不同的答案：有人说铅笔里有铅，有人说没有。到底是怎么回事呢？

原来，在古希腊和古罗马，人们已经发现金属铅特别软，于是就用铅棒作为笔来写字或绘画。如果直接用手拿铅棒，手很容易被染黑，所以有人就在铅棒上绑一个木柄，可以说，这是真正的最早的"铅笔"。

我国古代不用铅棒写字，而是用铅粉写字，一般把铅粉装在一个工具里，这种工具叫"铅粉笔"，简称为"铅笔"。古籍里也有这方面的记载，如"人蓄油素，家怀铅笔"，"油素"是写字用的白绢，这句话的意思是说，每个人都保存白绢，家庭里都储藏铅笔，用来形容一种好学的风气；还有"寝则怀铅笔，行则诵文书"，意思是睡觉时口袋里装着铅笔，白天走路时都阅读书籍，形容勤奋好学；还有"独持铅笔校中经""犹怜铅笔在"等诗句；另外，有一个成语叫"怀铅提椠"，"铅"指铅笔，"椠"指写字用的木牍，这个成语的意思是口袋里装着铅笔，手里拿着木牍，纸笔不离手，随时都准备把看到、听到的事物记录下来，也形容勤奋好学。

　　从这些记载来看，古代的"铅笔"确实是用铅制造的。

　　但后来，这种情况发生了变化。由于一次偶然事件，欧洲人发现了石墨：1564 年，英国一个叫巴罗代尔的地方遭遇了一场飓风，很多大树被连根拔起，有人发现，树根下面有一些黑色的土块，这种土块的颜色和铅很像，但是颜色更黑，而且，它也特别软，可以写字、画线等，字迹比铅更清晰、醒目。所以，它很快就获得了广泛的应用：人们用它写字、绘画，工人用它绘图，甚至牧羊人为了便于分辨自己的羊，还用这种土块在羊身上画记号。

　　这种土块其实就是石墨，由于它具有这么重要的价值，当时的英国王室把石墨矿收归皇家所有。但是当时人们认为它也是一种铅，只是颜色更黑，所以叫"黑铅"。

　　人们也发现，这种"黑铅"又软又脆，在使用时很容易折断。1761 年，德国一位化学家想了个巧妙的办法，他用松香、硫黄等材料做黏结剂，把"黑铅"粉粘接起来，这样就能制造成比较结实的笔。18 世纪末，法国一位叫孔德的化学家进行了改进：他用黏土做黏结剂制造笔芯，大大降低了笔芯的成本。这种方法一直持续到现在。

　　但是，这种笔芯仍容易发生折断。这时，意大利的画家们对这种笔的需求量特别大，有人想了个办法：在一根木棒里挖一个孔洞，把笔芯放进去。不久，又有人对这种方法进行了改进：找两根木条，分别刻上细槽，把笔芯放进一根木条的槽里，用第二根木条夹紧，再用胶水粘起来——这就是现在的铅笔了。

　　1779 年，科学家们知道，这种材料并不是铅，它是一种新矿物，化学成分是碳。

　　后来，这种笔传入我国，虽然它不是用铅制造的，但是人们仍使用传统的名字,把它叫做"铅笔"。

所以,古代的铅笔确实是用铅制造的,但现代的铅笔里并没有铅,只是使用了古代的名称。

除了制造铅笔芯外,石墨还常用来生产颜料、油墨、涂料等。

二、润滑剂

由于石墨的润滑性很好,所以人们经常用它做润滑剂,可以起到很好的润滑、减摩作用。

在日常生活中,一个典型的例子就是锁:锁使用时间长了后,尤其是下过雨以后,再用钥匙打开时,会感觉比较涩,原因就是锁孔或钥匙表面可能生锈或有一些灰尘,导致润滑性变差了,摩擦比较厉害。解决这个问题的一个简单方法就是,用铅笔芯磨一些粉末,灌到锁孔里,用钥匙反复插几次,很快就好用了。而且用 B 型铅笔的效果比 HB 型和 H 型好,因为 B 型铅笔芯里的石墨含量多,能提高锁孔的润滑性。

在工业领域里,很多机械零部件也需要良好的润滑性,保证运转顺畅。最典型的就是齿轮,汽车的变速箱实际就是一个齿轮箱,里面有很多个齿轮。

据资料介绍,有的企业在汽车变速箱里加入了石墨粉作为润滑剂。

在很多情况下,人们使用润滑油进行润滑。但是有时候,润滑油并不能满足变速箱等零件的要求,因为这些零件在工作过程中的运转速度特别高,这样会产生高温。润滑油在高温下会发生分解,从而会失效。在这种情况下,用石墨粉代替润滑油就可以避免这个问题,因为石墨的耐热性很好,在高温下仍能正常发挥作用。

另外,普通的润滑油在腐蚀性环境里也容易失效,而石墨由于化学稳定性好,也可以克服这个缺点。所以石墨适合在高温、高速、高压、腐蚀性环境中使用。

有些零件在制造时,在原料中就加入了一些石墨粉,或者表面有一层石墨涂层,如一些轴承、活塞环等,所以它们本身就具有很好的自润滑作用,不需要额外加入润滑材料。

有的产品在制造过程中,也经常使用石墨作为润滑剂。比如,我们常见的金属丝，如钢丝、铜线、铝线等，是用拉制法制造的，金属丝通过模具的内孔被拉出来。图 2-2 是拉制法的示意图。

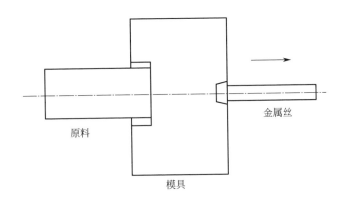

图 2-2　拉制法

可以想象，在生产过程中，如果模具内孔的润滑性低，金属丝和模具的内孔会产生剧烈的摩擦，金属丝的质量就会降低，比如，表面粗糙不平，甚至在不同的位置，金属丝的粗细不一样。另外，模具内孔的磨损也会很厉害，会缩短模具的使用寿命。

为了解决这些问题，一般都在模具内孔的表面涂覆一层石墨润滑剂。

有的机械零件是用模锻方法生产的，这种方法也需要使用模具，原料在模具里发生变形，成为最终的产品，如图 2-3 所示。

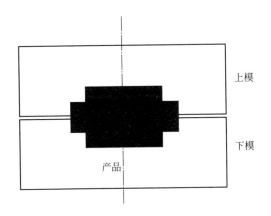

图 2-3　模锻示意

　　有时候，零件成形后，容易和模具粘在一起，不容易取出来，而且零件表面的光滑度也低，表面比较粗糙。为了解决这个问题，在生产前，人们经常在模具内腔里涂一层石墨，利用它的润滑作用，能够方便地取出零件。

　　进行切削加工时，比如车削汽车的主轴、在零件上钻孔，需要喷洒切削液，目的是降低切削工具和工件的温度。人们经常在切削液里加一些石墨粉，因为一方面，石墨粉的导热性好，会提高切削液的冷却效果；另一方面，石墨粉的润滑性好，可以减轻切削刀具和工件间的摩擦，从而提高切削效率。

　　还有的零件既要求有好的润滑性，又要求具有良好的导电性，比如电动机里有一种零件，叫电刷，如图 2-4 所示。

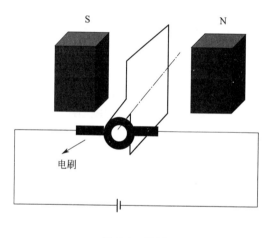

图 2-4　电刷

　　电刷的作用是把外部的电源和电动机的转轴连接在一起，为电动机提供电力，所以要求电刷具有很好的导电性。

　　另外，电动机是依靠转轴的旋转进行工作的，转轴在旋转过程中，会和电刷产生摩擦。为了减少转轴和电刷的磨损，要求它们之间的摩擦系数尽量小，所以，人们一般使用石墨制造电刷，因为它既有很好的导电性，又有很好的润滑性。这种电刷叫做碳刷。

三、电极

　　人们也经常利用石墨的导电性，制造导电材料，比如石墨电极。

实际上，铜的导电性比石墨高：铜的电阻率是 $1.7×10^{-8}\Omega\cdot m$，石墨的电阻率是 $(8\sim 13)×10^{-6}\Omega\cdot m$。但是在很多领域里，人们都使用石墨电极，并不用铜电极。这是因为石墨具有多个优点：

① 石墨的硬度比铜低，所以更容易加工。

② 石墨的熔点比铜高，在加工过程中不容易受热变形，所以比较适合制造形状复杂的电极。

③ 铜的密度比较大，所以不适合制造尺寸大的电极，而石墨的密度较小，适合制造大尺寸的电极。

④ 电极在工作过程中，受到高温作用时，容易发生熔化而损耗，而石墨的熔点比铜高，所以不容易发生损耗，使用时间更长。

⑤ 一个很重要的原因是：石墨的价格比铜低。

下面来看几个使用石墨电极的例子。

1. 干电池的电极

我们平时经常使用干电池，比如电视和空调的遥控器、石英钟表等，常见的有 2 号电池、5 号电池、7 号电池等。这些电池为什么叫"干"电池呢？难道还有"湿"电池吗？

确实有。世界上第一个电池是 18~19 世纪意大利的物理学家——伏特发明的。他把一块锌板和一块银板浸在盐水里，在外面用金属线把两块金属板连起来，然后他发现金属线里有电流通过。接着，他把很多片锌板和银板叠起来，互相之间塞上浸了盐水的布片，他发现，金属线里的电流更强了。1800 年，他公开了他的发明，并把它叫做电堆。后来，人们把它叫做"伏特电堆"，它实际上是串联的电池组，如图 2-5 所示。

伏特的发明引起了很大的轰动，

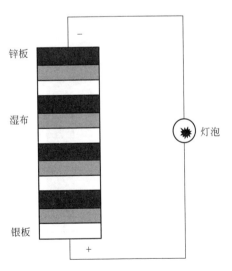

图 2-5 伏特电堆

人们都觉得他的发明很神奇，甚至连当时叱咤风云的盖世英雄——后来的法国皇帝拿破仑也不例外。1801 年，伏特专门去法国，为拿破仑进行演示。拿破仑被深深地打动了，立即下令，授予伏特一枚特制的金质奖章和丰厚的奖金，后来还授予他伯爵称号。

至今为止，人们都公认，伏特电堆是人类历史上最神奇的发明之一。伏特去世后，为了纪念他，人们就用他的名字来命名电压的单位，这是我们都很熟悉的。

后来，人们对伏特电堆进行了一些改进，但是它们都有一个共同的特点：需要使用液体，可以说，这就是"湿"电池。

无疑，"湿"电池使用很不方便，也不安全。到了 1887 年，英国的赫勒森发明了一种新电池，这种电池用糊状的电解质代替了液体电解质，使电池技术向前迈进了一大步，这种电池就是干电池。

目前人们使用的干电池很多是锰锌电池。电池的中间是一根石墨棒，它是电池的正极；周围是一层石墨粉和二氧化锰的混合物；再外面是一层糊状的电解质，由氯化铵和淀粉组成；最外面是一个金属筒，一般是锌筒，它是电池的负极。如图 2-6 所示。

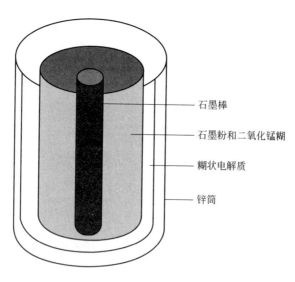

图 2-6　锰锌电池

这种电池依靠锌和锰发生的氧化还原反应产生电流：负极的锌被氧化，失去电子，电子从负极经过外电路到达正极，正极附近的锰得到电子被还原。正极和负极上发生的化学反应是：

负极：
$$Zn - 2e = Zn^{2+}$$

正极：
$$2NH_4^+ + 2e = 2NH_3 + H_2$$

$$H_2 + 2MnO_2 = Mn_2O_3 + H_2O$$

锰锌干电池的电容量比较小，产生的电流比较弱，工作时间也有限。为了克服这些缺点，人们又开发了碱性锌锰干电池，这种电池用强碱——KOH 作为电解质，代替了氯化铵。这种电池有更高的电容量，能提供更高的电压和电流，工作时间也更长。

干电池用石墨做正极，有三个优点：一是石墨的导电性好；二是石墨的化学性质很稳定，不会受电解质的腐蚀，所以使用时间长；三是石墨的价格比较低。

2. 电火花加工的工具电极

电火花加工是一种特种加工工艺，经常用来制造模具。我们平时看到的很多产品，比如手机外壳、鼠标外壳、塑料盆、汽车车门等都是用模具制造的，所以模具一向被称为"工业之母"。

模具的内腔有时候很复杂，如图 2-7 所示。

图 2-7　模具内腔

普通的方法如车、铣、刨、磨等不容易加工复杂的模具内腔，人们一般都用电火花加工的方法。

电火花加工的方法如下。

① 先按照要加工的模具内腔的形状和尺寸，制造一个工具电极。

② 把原料浸在工作液里，把工具电极和原料分别作为一个电极，和电源的两极连接。

③ 打开电源，并让工具电极慢慢向原料的表面靠近。当它们之间的距离很小时，它们的间隙里的工作液在电压作用下会被电离，产生大量的电子和离子。

④ 在电场的作用下，电子和离子分别向工具电极和原料的表面高速运动。

⑤ 工具电极和原料的表面受到轰击，产生电火花和热量，温度可以达到上万摄氏度。原料表面在这么高的温度下，就会发生熔化甚至气化，从而被加工。高温的范围很小，只局限在表面很薄的一层。

⑥ 工具电极继续向下运动，逐渐把整个内腔加工出来。

图 2-8 是电火花加工的示意图。

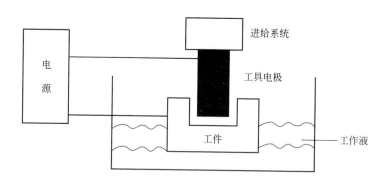

图 2-8　电火花加工

电火花加工机的工具电极传统上是用铜制造的，但近年来石墨电极越来越多，原因主要就是前面提到的优点。在电火花加工行业里，石墨电极有两个优点特别突出。

首先，石墨电极容易加工，尤其容易加工出形状复杂、结构精细、对精度要求高的电极，这种电极可以加工出高质量的模具。

　　其次，在电火花加工过程中，工具电极也会受到高温作用而发生损耗，时间长了后，工具电极的精度会降低，需要进行维修或更换新电极。由于石墨的熔点比铜高得多，所以石墨电极的损耗较少，使用时间长，从而能降低维修或更换引起的成本。

　　3. 工业电炉的电极

　　炼钢、熔炼玻璃、生产工业硅都使用工业电炉，工业电炉的核心部件是石墨电极。图 2-9 是炼钢使用的电弧炉，通电后，在电压作用下，石墨电极和炉料之间会产生电弧，电弧产生的高温使炉料熔化，进行冶炼。

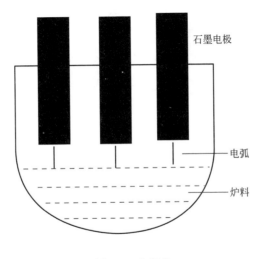

图 2-9　电弧炉

　　熔炼玻璃一般使用电熔窑。电熔窑有多种类型，其中一种是利用电阻发热的方式进行熔炼：把多个石墨电极插入炉料中。炉料具有比较大的电阻，通电后，引起电阻发热，产生高热量，炉料在高温下发生熔化。

　　工业硅是纯度较低的硅，但是用途很广泛，可以生产合金钢、铝合金、硅橡胶、硅树脂等产品。另外，工业硅经过提纯后，能够制成纯度很高的半导体硅，用来生产电子产品和光伏产品，所以，工业硅被人们称为"魔术金属"。

　　生产工业硅的原料是石英和焦炭，使用的设备是电热炉。电热炉也使用石墨电极，方法和电熔窑类似：石墨电极的下部埋在炉料中，利用炉料自身的电阻发出的热量加热炉料，使它熔化。

四、坩埚

在冶金工业中，人们经常用石墨制造坩埚，冶炼铜、金、银、铅等产品。和其它种类的坩埚如石英坩埚、刚玉坩埚等相比，石墨坩埚的耐高温性好、耐腐蚀、传热速度快、热膨胀率低，所以不容易被破坏，如图2-10所示。

图 2-10　石墨坩埚

相信大家经常听说"单晶硅"这个词。它在电子行业和光伏行业里应用很广泛，电脑的CPU、电路板、太阳能电池板等都是用单晶硅制造的。生产单晶硅使用的原料多是多晶硅，多晶硅是工业硅提纯后得到的产品。生产单晶硅也需要使用电热炉和石墨坩埚：把多晶硅放在石墨坩埚里，一起放入电热炉内；把电热炉内抽成真空，然后加热，使多晶硅熔化；接着，把一小块单晶硅籽晶浸入液态硅里，慢慢向上拉；由于液体上方的温度比较低，于是，液态硅里的硅原子就会在籽晶上结晶，籽晶变得越来越大；最后，把产品缓慢冷却，就得到了单晶硅棒材。如图2-11所示。

五、耐腐蚀材料

石墨的耐腐蚀性很好，所以经常作为耐腐蚀材料，比如，化学反应容器的内衬、冶金炉的内衬等。

有人把石墨粉加入涂料里，制造防锈涂料，可以防止桥梁、建筑、管道等

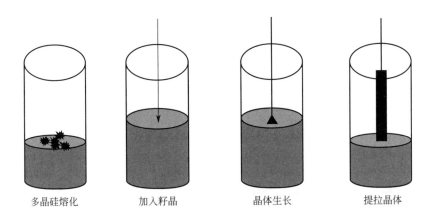

多晶硅熔化   加入籽晶   晶体生长   提拉晶体

图 2-11　单晶硅的制造

产品生锈。

我们知道，锅炉使用的时间长了后，表面经常会沉积一层水垢，由于水垢的导热性很差，所以会浪费很多能源。很多年来，人们一直在想办法去除水垢，这件事也浪费了人们很多时间，而且会影响生产。有人经过研究发现，如果在水里加入少量石墨粉，锅炉表面就不会产生水垢。

六、在核工业中的应用

近年来，核能作为一种绿色、高效的能源，在一些国家发展很快。石墨在这个领域也有重要的应用：在核能反应堆里，需要使用一种重要的材料，叫中子减速剂，它的作用是保证核反应的正常进行。常用的减速剂有多种，包括重水、轻水、铍、石墨等，其中，石墨具有多种优点，减速效果好，而且能够耐高温、耐腐蚀，抗辐照性能也很好，使用寿命长，价格也比其它材料便宜，所以是一种理想的减速材料。

第四节　石墨的生产

世界上很多国家都有石墨矿，其中储量最丰富的有巴西、中国、印度、加拿大等国家。

天然石墨是黑色或灰黑色的，看起来和煤很像，有的还有光泽，如图
2-12 所示。

图 2-12　天然石墨

天然石墨里经常含有杂质，这会影响石墨的性质和应用，比如，如果作为
润滑剂使用，要求杂质的含量不能超过 1％，因为杂质的硬度比较高，如果它
们的含量太多，就会引起零部件的磨损，从而失去润滑作用。核工业里使用的
石墨，对纯度的要求就更高了。所以，天然石墨开采出来后，一般都需要进行
提纯。目前，石墨的提纯技术主要有两种：物理提纯法和化学提纯法。

1. 物理提纯法

物理提纯法主要是利用高温去除杂质，进行提纯：把天然石墨放入电热炉
里，隔绝空气，对石墨进行加热，温度可以达到 2500℃ 左右。在这样的温度
下，石墨里的杂质会挥发，从而得到高纯度的石墨。

2. 化学提纯法

化学提纯法是用酸、碱等化学物质处理石墨，使石墨里的杂质与酸或碱发
生化学反应，然后经过清洗、过滤，得到高纯度的石墨。

一种常见的化学提纯法的步骤包括：在石墨里加入氢氧化钠，然后加热到
高温，氢氧化钠会和石墨里的酸性杂质发生反应，反应产物可以溶解在水里，
所以用水进行清洗、过滤后，就可以除去这些杂质；然后再用盐酸处理石墨，
盐酸可以和石墨里的碱性杂质发生反应，再用水清洗、过滤后，就可以除去这
些杂质。图 2-13 是这种方法的流程图。

$$石墨 \xrightarrow[\text{高温}]{\text{氢氧化钠}} 水洗、过滤 \xrightarrow{\text{盐酸}} 水洗、过滤$$

图 2-13　石墨的化学提纯流程图

第五节　膨胀石墨

膨胀石墨也叫柔性石墨，是一种新型的石墨品种，它一方面具有普通石墨的性质，另一方面，还具有一些特殊的性质，在一些领域里有重要的应用价值。

膨胀石墨是对天然石墨进行插层、高温膨化处理后得到的，比如，用硫酸、硝酸、碱、卤素等物质处理天然石墨，这些物质的分子或原子会渗进石墨层之间的间隙里，并和石墨层形成化合物；然后进行加热，这些化合物会分解，体积发生膨胀，从而使石墨的层间距扩大，而且，石墨层的形状也会发生变化，从原来的片状变成弯曲的蠕虫状。

图 2-14 是石墨和膨胀石墨的微观结构。

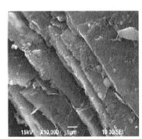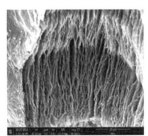

石墨　　　　　　　　膨胀石墨的层状结构　　　　　　蠕虫状的膨胀石墨

图 2-14　石墨和膨胀石墨的微观结构

和普通石墨相比，膨胀石墨具有几个特点：

① 结构比较疏松，内部有很多孔洞，表面积很大；

② 体积发生了明显的膨胀，有的能达到原来的几百倍；

③ 具有比较好的弹性和柔韧性。

由于具有特殊的结构和性质，膨胀石墨在一些特定的领域里有重要的应用。

一、机械密封

在一些机械设备里，如管道、阀门、泵、反应釜等，经常使用密封材料，防止设备内部的液体或气体渗漏出来。密封材料一般都选择弹性比较好的材料制造，比如橡胶、树脂等。膨胀石墨是一种理想的密封材料，和普通的密封材料相比，膨胀石墨具有几个突出的优点。

① 强度高、弹性好。普通的密封材料强度有限，如果受到容器内部的液体、气体等物质长时间的高压作用，它们的弹性会减弱甚至丧失，从而使密封性能下降甚至完全失效。而膨胀石墨的强度很高，即使在高压下长期工作，也仍能保持很好的弹性，从而确保密封效果。

② 耐腐蚀性好。很多介质对密封材料具有腐蚀作用，所以时间长了后，密封材料的性能会降低，甚至失效。而膨胀石墨的耐腐蚀性很好，可以避免发生这些情况，所以它的使用范围更广：既可以密封水、油等腐蚀性较低的介质，也可以密封酸、碱等腐蚀性很强的介质。

③ 工作温度范围宽。普通的密封材料的耐热性不高，在高温下容易发生软化甚至发生分解，在低温下会变脆、发生破裂，这些情况都会使密封性能下降甚至完全失效，所以这些材料一般只能在中温范围内工作。而膨胀石墨的热性能很稳定，不会发生这些情况。实践表明，它在 $-200\sim450℃$ 的温度范围内都具有优异的弹性，所以能够可靠、稳定地发挥密封作用。

由于具有上述优点，早在 1971 年，膨胀石墨就开始大显身手了。当时，美国的原子能反应堆的阀门的密封性能不好，导致了泄漏，人们想了很多办法，但效果都不佳。后来，人们使用膨胀石墨作为密封材料，取得了很好的效果，解决了这个问题。从那之后，膨胀石墨在化工、石油、冶金、机械、原子能等领域获得了广泛应用，获得了"密封王"的美称。

二、环境保护

由于膨胀石墨的结构疏松，内部有很多孔洞，所以对很多材料有很强的吸附能力，所以可以用于环境保护领域。首先是空气净化，它可以有效地吸附空气中的污染物，如工业废气和汽车尾气等。

另外，膨胀石墨还有一种特殊的性质：亲油、疏水——就是它容易吸附油类等有机物，却不会吸水。人们利用这种性质，用它进行污水处理，能有效地吸附水里的有机污染物。

三、催化剂载体

膨胀石墨的结构疏松，内部有很多孔洞，具有很大的表面积，可以作为催化剂的载体，在单位体积内，可以大大提高催化剂的负载量，从而能提高催化效果。有的研究者用膨胀石墨负载 TiO_2 光催化材料，发现 TiO_2 纳米微粒分布在膨胀石墨薄片上，具有优异的光催化效果。

四、阻燃材料

膨胀石墨内部的孔洞具有很好的隔热效果，可以阻止物质的燃烧过程，所以是一种很好的阻燃材料。有的资料介绍，有的飞机公司在飞机的座椅里加入了膨胀石墨，作为阻燃材料，防止发生火灾。

五、储能材料的载体

储能材料是能够储存能量的材料，水就是一种典型的储能材料。当周围环境的温度比较高时，水会吸收热量，使温度降低；当周围的温度比较低时，水会把热量释放出来，从而使温度升高。

储能材料的种类比较多，有热容式储能材料、相变式储能材料、化学反应式储能材料等。储能材料的应用范围很广泛，比如能自动调节温度的"空调服装"，能够用于日常生活、航海、航空航天、野外勘探、考古等领域，也可以用于建筑和家居材料，比如自调温地板、壁纸等，还可以用于医疗保健、公共设施、能源利用等。

储能材料一般需要储存在载体里，所以对载体有一定的要求，比如容量要尽量大、导热性好。因为容量大，储能密度就高；导热性好，热量的传导速度就快，效率高。膨胀石墨具有很多空隙，表面积大，而且导热性好，所以是一种很好的储能材料载体。有的研究者用膨胀石墨吸附石蜡粉末，研制了一种储热材料，有的研究者制备了聚乙二醇/膨胀石墨储能材料，效果都令人满意。

六、军事方面的应用

膨胀石墨在军事领域也有一定的应用价值。

1. 红外隐身材料

大家知道，在夜间，军队经常使用红外夜视设备观察物体，比如红外望远镜。它的原理是：在夜间，物体会向外发射红外线，而且物体的温度不同，发射的红外线的强度也不同。红外夜视设备可以探测物体发出的红外线，经过调制后形成图像，从而就可以清楚地观察到物体。

研究表明，膨胀石墨可以有效地吸收红外线，所以有人提出，可以利用膨胀石墨制造红外隐身材料。比如，在服装里加入膨胀石墨，人体发出的红外线就会被它吸收，红外夜视设备就探测不到了，从而就不会发现人体了。

2. 磁性隐身材料

有的研究者在膨胀石墨里掺杂了磁性材料微粒，发现这种材料可以屏蔽雷达波。所以，如果在飞机表面涂覆一层这种材料，它就不能被雷达发现了。所以，这也是一种有效的隐身材料。

3. 烟雾弹

烟雾弹可以起到很好的掩蔽作用。有人提出，膨胀石墨能够提高普通烟雾弹的效果。如果在普通的烟雾弹的烟雾剂里加入膨胀石墨粉末，这种烟雾弹爆炸后，里面的膨胀石墨会互相分离，在空中形成大量细小的石墨薄片，这些薄片和烟雾剂一起，能够起到更好的遮蔽效果。

目前，随着技术的发展，石墨的新性质也不断被发现，从而这种传统材料展现出越来越多的新应用。比如，2012 年 9 月，德国莱比锡大学的研究人员发现，石墨颗粒在室温下具有超导性！他们把石墨粉末浸入水中，经过过滤、干燥后，用磁场进行处理，发现其中少量石墨粉末（只有万分之一左右）具有超导性。如果这个发现能转化为实用技术和产品，无疑，它的意义和作用无法估量。

第三章

显赫的家族 Ⅱ
——金刚石、富勒烯、碳纳米管

在上一章，我们介绍了石墨的很多种用途。其实，它还有一种很重要的用途，专门在这部分介绍。相信很多读者对这种用途更感兴趣：制造金刚石或钻石。

第一节　金刚石

一、结构

金刚石是碳元素的另一种同素异形体，在它的内部，每个碳原子和周围的四个碳原子连接，形成一个四面体，大量的四面体结合起来，形成了一个奇妙的网格结构，如图 3-1 所示。

二、性质

1. 颜色、透明度

说到金刚石的光学性质，比如颜色、透明度，就涉及"金刚石"和"钻石"这两个名字了。

平时，我们经常会听到这两个词，有人说，它们是一回事，也有人说，它们不是一回事，那它们到底是怎么回事呢？

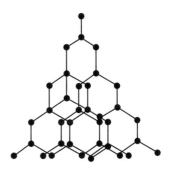

图 3-1　金刚石的四面体结构

实际上，可以这么说：钻石是特殊的金刚石。金刚石是从矿里开采的矿石，多数金刚石的外观并不漂亮：颜色是灰色或黑色的，基本不透明，光泽也很弱，看起来和普通石头差不多，很难引起人们的注意。但是有少数金刚石的外观很漂亮：它们是透明的，看起来和玻璃一样，如果对着阳光，它们闪闪发光，甚至有的还是彩色的，比如蓝色、粉色、金黄色等。看到它们，人们无疑会眼前一亮。把它们进行切割、琢磨后，就更加光彩夺目了——这就是钻石，如图 3-2 所示。

金刚石原石　　　　　　　　　　　　　钻石

图 3-2　金刚石和钻石

所以，"钻石"一般指的是作为首饰使用的金刚石，也就是珠宝首饰行业里的名称。那些不漂亮的金刚石一般不制造成首饰，主要是用在工业领域，比如制造砂轮、钻头，切割大理石的锯片、玻璃刀等，所以，"金刚石"一般是工业领域里的名称。

2. 硬度

大家都知道，金刚石的硬度是天然物质里最高的，虽然用摩氏硬度衡量，它是 10 级，蓝宝石是 9 级，两者只相差一级，但是摩氏硬度在很大程度上是一种定性的表示方法。如果用一些定量方法测量，金刚石的硬度是蓝宝石的 150 倍，是水晶的 1000 倍！

金刚石的高硬度来源于它的微观结构：在金刚石的内部，碳—碳键的强度很高，结构致密。

　　人类很早就认识到了金刚石的这个特点，在很大程度上可以说，它的名称就来源于它的硬度。大家知道，佛教起源于印度，相传如来佛有八个卫士，就是"八大金刚"，他们的武器叫金刚杵，坚硬无比、无坚不摧，他们用它来降妖伏怪。古印度人发现金刚石后，发现它们特别坚硬，就把它们叫做"金刚石"。

　　我国的古诗里也有这方面的诗句："金刚锥透玉，镔铁剑吹毛。"西晋的书籍中记载："金刚出天竺、大秦国，一名削玉刀，削玉如铁刀削木。"明代医学家李时珍在《本草纲目》中记载："金刚石，出西番天竺诸国；金刚钻，其砂可以钻玉补瓷，故谓之钻。"可以说，他的记录也说明了"钻石"这个名称的由来。

　　3. 光泽

　　普通的金刚石的光泽比较弱，但钻石的光泽很强，尤其是加工成特殊的琢型后，更是光芒四射。这是因为，钻石的折射率比多数材料都高，为 2.417。据资料介绍，波兰一位数学家经过计算，设计出了我们常见的圆钻型琢型，如图 3-3 所示。

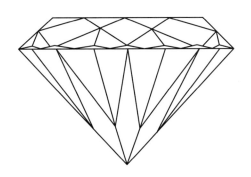

图 3-3　圆钻型琢型

　　外面的光线照射到这种琢型的钻石中后，很多光线会发生全反射，最后被反射出来，进入人的眼睛，如图 3-4（a）所示。所以就显得钻石的光泽很强，看起来特别亮。大颗粒的钻石发出的光甚至会刺伤眼睛。

　　另外，钻石还有一种优异的性质——色散度很高，是 0.044，也比多数其它材料高。它的好处是可以把白色的阳光分解成七种单色光，而且七种单色光相距很远，所以看起来很明显，如图 3-4（b）所示。

　　这就使得人们观看钻石时，会发现在不同的位置，颜色不一样，显得五彩

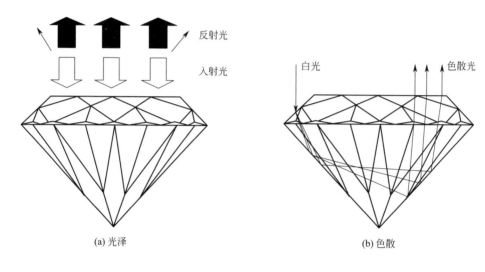

(a) 光泽   (b) 色散

图 3-4　钻石的光泽和色散

缤纷，光华灿烂。如果转动钻石，这些色彩也会不停地变换、闪烁，让人体会到"流光溢彩"的感觉，美不胜收。

在宝石行业里有一个术语叫"火彩"，指的就是由光泽和色散组成的这种光学效果。由于钻石的这两种性质都很突出，所以它的火彩几乎是最好的、最强烈的。

4. 化学稳定性

金刚石的化学性质很稳定，在常温下不会发生氧化，不会溶解，也不会被多种酸、碱腐蚀，包括王水、氢氟酸在内。那句著名的广告词"钻石恒久远，一颗永流传"恰如其分地反映了这个特点。

5. 热性能

由于金刚石中的碳—碳键的键能很高，所以它的熔点很高，如果在真空或惰性气体环境中，金刚石的耐热性特别好。

但是，在 800℃以上，和石墨一样，金刚石里的碳原子也会和氧气发生化学反应，生成二氧化碳。所以在空气中，金刚石的耐热性不好。中学化学里介绍过一位著名的化学家——拉瓦锡，他研究了空气的化学组成。在 1773 年，他做过另外一个实验：把金刚石放在氧气里燃烧，只见金刚石越来越小、越来越少，最后完全消失了！原因就是金刚石被氧化生成了二氧化碳气体。

金刚石的导热性很好，在宝石行业里，经常遇到假冒的钻石，有的假冒产品是用一些导热性比较差的材料制造的，比如水晶或铅玻璃等。人们经常使用一种叫导热仪的仪器来鉴别这些假冒产品，用导热仪测试出它们的热导率，然后和真正的钻石相比较，就可以判断出样品的真假了。

三、应用

1. 珠宝首饰

由于钻石具有上述优异的性质，所以最重要的用途之一是做珠宝首饰，而且是最贵重的首饰。钻石代表着纯洁、永恒，同时是力量、权力、地位、财富的象征，上至帝王权贵，下至平民百姓，都渴望拥有它。自古至今，在世界各地，流传着无数关于它的传说。在珠宝行业里，钻石的地位独一无二，被称为"宝石之王"，这一点，在全世界各个不同的地区、种族和文化里，都得到了公认。

2. 机械工业

按重量来说，在所有的金刚石里，钻石只占其中的 20% 左右。其它大部分的金刚石不能作为首饰，但是，它们的硬度仍是无与伦比的，所以，人们把它们应用在工业领域，比如制造玻璃刀、钻探用的钻头、砂轮、砂纸等。

另外，在机械、材料等领域，人们经常用硬度计定量地测试材料的硬度，在硬度计里，核心的部件是压头，要求它的硬度比较高，所以，有的压头是用金刚石制造的。

前面提过的拉制金属丝使用的模具，也要求硬度高、耐磨性好，所以，有的也是用金刚石制造的。

3. 光电技术领域

金刚石在光电技术领域也有比较高的应用价值。

（1）散热

手机、电脑使用时间长了后会发热，这是由它们内部的电子元器件发热造成的。发热会使元器件的功耗增大，性能降低，严重的时候甚至会使元器件失效或发生破坏。所以，在电子工业中，元器件的散热一直是让人头疼的问题。

由于金刚石的导热性很好，所以早在 1976 年，美国贝尔实验室就用金刚石制造电子元器件的散热片，效果很好。但是，由于金刚石的价格太昂贵，所以应用不太广泛。

（2）光学器件

钻石的透光性很好，于是，有人用它制造高透光率的透镜等光学器件，已经应用在航天器的精密光学仪器里了。此外，在光数据存储、光通信、光刻蚀、激光技术等领域也有广泛的应用。

（3）高速、耐高温电子器件

据报道，2003 年 9 月，日本电报电话公司（NTT）用金刚石研制了一种半导体器件，发现它的运行速度比现在的器件高 2 倍。

另外，目前用硅制造的电子器件有一个缺点，就是耐热性比较差，不能在高温下正常工作。有的研究者用金刚石制造了晶体管、二极管等元件，发现在高温下，它们的性能仍很稳定，所以，金刚石可以很好地克服这个缺点。

（4）太空探测器

金刚石的耐腐蚀性和抗辐射性都很优异，所以人们用它制造在极端环境里工作的产品，比如太空探测器，这些产品的工作环境很恶劣：有的温度高，有的有强腐蚀性，有的有强辐射。所以要求相关的材料具有相应的性能，保证正常工作。据资料介绍，美国的洛斯·阿拉莫斯国家实验室计划用金刚石制造人造卫星上的探测器零件，用来抵抗宇宙射线的辐射。

4. 其它应用

金刚石还有其它一些应用，其中有一种特别可怕——毒药。据说在意大利文艺复兴时期，有人经常用金刚石粉末做毒药使用，这和我们中国古代的砒霜很像。这种毒药的特点是危害很大，但是发作时间很长，速度很慢，是一种慢性毒药，所以很难被发现，也难以预防，事后也不容易被查出来。凶手进行谋杀活动时，把金刚石粉末放进食物或水中，被害者服用后，金刚石粉末不会被排泄出去，而是会黏附在胃壁上，和胃壁发生摩擦作用，损坏胃壁，最终致人死亡。

四、产地

现在，人们一提起钻石，总是想到南非。实际上，地球上最早发现金刚石的国家是印度：早在公元前 3000 年，印度就发现了金刚石。一直到 18 世纪初，印度都是全世界金刚石的唯一产地，历史上很多名钻，如被称为"噩运之钻"的希望蓝钻石、"光明之山"、"大莫卧儿"、"奥尔洛夫"等都产于印度。

直到 1867 年，南非才发现了钻石矿。南非钻石的特点是质量好、块度大，所以享誉全球。由于经过多年的开采，南非现在的产量已经比较低了。

目前，全世界的金刚石储量和产量都很少——总储量是 25 亿克拉。1 克拉是 0.2 克，所以，一共只有 500 吨！年产量是 1 亿克拉左右，其中钻石占 20%，也就是 4 吨。主要产地有澳大利亚、博茨瓦纳、俄罗斯、南非、加拿大、纳米比亚、安哥拉、扎伊尔等。

目前，世界上最有名的钻石加工和贸易中心有比利时的安特卫普、印度的孟买、美国的纽约、以色列的特拉维夫、阿联酋迪拜。其中，比利时的安特卫普加工水平最高、贸易量最大，被称为"世界钻石之都"。

全世界最大的钻石公司是南非的戴比尔斯（De Beers）集团，它成立于 1888 年，规模庞大，控制着全球 80% 的钻石原石，处于垄断地位。其中，负责销售和推广的子公司是钻石贸易公司（The Diamond Trading Company，简称 DTC），"钻石恒久远，一颗永留传"的广告词就是它的杰作。

五、人造金刚石

由于金刚石，特别是钻石的珍贵性，所以很早以前，就有很多人试图用人工方法制造金刚石了。

18 世纪末，那位著名的法国化学家——拉瓦锡和一位英国科学家通过实验证明：金刚石和石墨是碳的两种同素异形体。1799 年，一位叫摩尔沃的法国化学家把一颗金刚石变成了石墨！消息公布后，很多人就想：既然金刚石能变成石墨，那是不是也可以把石墨变成金刚石呢？于是，很多人开始付诸行动，但是始终没有成功。过了一段时间，人们的热情开始减退了，而且变得很悲观。1830 年，一位瑞典化学家提出，制造人造金刚石就和古代的炼金术一样，完全是天方夜谭，是不会成功的。

但是也有的人很顽强，仍孜孜不倦地努力。1890 年，法国化学家查理·弗里德尔发现，在一些陨石的内部，有很多细小的金刚石颗粒。他认真研究了这个现象，同时结合地壳的形成过程，最后得出结论：金刚石是在高温高压条件下形成的，所以要想制造金刚石，必须满足这两个条件。

这时候，法国另一位很有名的化学家，莫瓦桑，他也对人造金刚石很感兴趣，并做了很多实验。开始时，他用氟代烃做原料，让它发生分解，希望分解出的碳原子能结晶成金刚石。但结果碳原子只形成了炭黑，并没有形成金刚石。但莫瓦桑毫不灰心，继续寻找别的办法。这时，他听说了查理·弗里德尔的研究结果，并且也认真地研究了含有金刚石颗粒的陨石，发现里面除了金刚石颗粒外，还有石墨和炭黑颗粒。然后，他又研究了巴西和南非的金刚石矿石，发现里面也有石墨颗粒，另外还有铁元素。根据这些研究，莫瓦桑认为，金刚石可能是石墨转变来的，所以可以用石墨和炭黑做原料，制造金刚石。另外，他还认为，可以把石墨加入到铁里，碳原子从铁里结晶出来后，就可以形成金刚石。这样，他设计了一个新方法：把铁放在石墨坩埚里，用自己发明的高温电炉加热，把铁熔化，然后在铁水里加入石墨，并把铁水倒进冷水里。这样，铁水迅速冷却、凝固，体积收缩，在内部产生特别大的压力，碳原子在这种压力下发生结晶，形成金刚石。最后用酸把铁溶解掉，就可以得到金刚石了。1893 年，他的实验终于成功了，他获得了人造金刚石。

莫瓦桑原来的研究方向是氟化学，他在氟元素的制备技术方面已经取得了很大的成绩，另外，他还发明了一种重要的实验设备——高温电炉，现在又成功制备了人造金刚石，所以他的名气特别大。据称，1906 年评选诺贝尔化学奖时，莫瓦桑和发现元素周期表的门捷列夫 PK，最终莫瓦桑以一票的优势击败了门捷列夫，获得了诺贝尔奖。

莫瓦桑虽然发明了制造人造金刚石的方法，但这种方法的产量很低。要提高产量，实现大规模生产，不仅需要高温，还需要高压。20 世纪上半叶，美国物理学家布里奇曼发明了超高压设备，而且凭此获得了 1946 年的诺贝尔物理学奖，这种设备为人造金刚石技术的进步奠定了基础。1955 年，美国通用电气公司制造了一套专门的高温高压设备，实现了人造金刚石的大规模生产，年产量达 20 吨左右。后来，美国杜邦公司又发明了爆炸法生产人造金刚石，利用爆炸产生的高温和高压，生产出几毫米大小的大颗粒人造金刚石。

目前，高温高压法是生产人造金刚石的主流技术，工艺已经很成熟、稳定，在一些国家形成了产业，我国人造金刚石的产量居世界首位。但这种方法生产的人造金刚石的质量比较差，透明度低，一般只能作为工业用途，不能作为钻石。

20世纪50年代，人们也开发了另一种制造人造金刚石的方法——化学气相沉积法（简称CVD法），这种方法用含碳元素的气体做原料，在比较低的温度和压力下，使碳原子分解出来，沉积到基体上，结晶成金刚石。

在早期，这种方法主要用来生产人造金刚石薄膜，目的是提高基体材料的硬度、耐磨性和导热性。美国通用电气公司用这种方法在导弹头部镀了一层金刚石薄膜，有效地提高了它的散热性能，降低了和空气摩擦产生高温而爆炸的危险。

最近几年，人造金刚石技术取得了很大的发展，人们已经用CVD法生产出了宝石级的人造金刚石，即人造钻石。2019年11月，在北京举办的"中国国际珠宝展"上，有十家左右的国内企业展出了他们制造的人造钻石，从外观看，它们都和天然钻石没有区别，吸引了很多观众的注意。企业人员自豪地做了个比喻："天然钻石相当于河里结的冰，人造钻石相当于冰箱里结的冰！"

目前，这种产品已经出现在了国内的珠宝市场里，人们称为"CVD钻石"或"培育钻石"，珠宝鉴定机构已经多次检测到这种产品。它们的价格是16000元/克拉左右，相比于天然钻石的50000元/克拉左右，占有明显的优势。它们的出现，对钻石市场产生了很大的震动，对它们的鉴别也是珠宝行业面临的一个巨大的挑战。

第二节　踢足球引出的诺贝尔奖——富勒烯

一、富勒烯是什么

富勒烯（Fullerene）是人们发现的碳元素的第三种同素异形体，它的结构很特别：好像一个笼子。富勒烯的类型有多种，最典型的一种由60个碳原子组成，分子式是C_{60}，它既像一个笼子，也像一个足球，所以人们也把它叫做足球烯，如图 3-5 所示。

图 3-5　富勒烯 C_{60} 和足球

　　如果挨个数的话，这个 C_{60} 分子由 32 个面组成，包括 20 个六边形和 12 个五边形。

二、发现过程

　　19 世纪中叶，化学家发现了一些特别的有机化合物，它们具有一些特殊的化学性质，其中一种是闻起来有一种芳香味，所以人们把它们叫做芳香族化合物。早期人们发现的芳香族化合物都含有苯环，有的有一个，有的有多个，后来人们发现有的化合物不含苯环，但化学性质和芳香族化合物很相似，所以认为它们也属于芳香族化合物，叫做非苯芳香化合物。

　　在早期，人们发现，含有苯环的芳香族化合物都是平面结构，如图 3-6 所示。

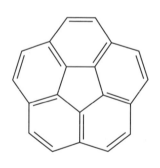

图 3-6　平面结构的芳香族化合物　　　　　　图 3-7　碗烯

　　在 20 世纪 60 年代，有的科学家出于好奇，心想：有没有弯曲形状的芳香族化合物呢？就是图 3-6 的边缘向上翘。而且有人受这种好奇心的驱使，研制了弯曲形的芳香族化合物。这种化合物的形状很像一个碗或盘子，所以人们把它们叫做碗烯，如图 3-7 所示。

　　1971 年，日本有一位科学家叫大泽映二，有一次，他在陪儿子踢足球时，从足球的结构受到启发，灵机一动，心想：是不是有这么一种特别的物质，它的分子结构就像一个足球，或者说，是由几个碗烯互相拼接形成的。如图 3-8 所示。

　　不久之后，他提出，由一定数量的碳原子可以构成这种结构，比如由 60 个碳原子组成，他把这种结构叫做 C_{60}。这自然是碳元素的一种新的同素异形体。

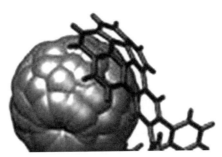

图 3-8　大泽映二的设想

　　1980 年，另一位日本科学家饭岛澄男用电子显微镜观察碳薄膜时，发现了一种奇怪的材料，它的形状是一组同心圆，很像一块切开的洋葱，其实，这就是 C_{60} 分子，但是遗憾的是，他没有深入地研究它。

　　1984 年，美国一些研究者发现了一种奇怪的材料，它的光谱图和别的材料都不一样。这种材料实际上也是 C_{60}，但这些研究者并没有在意它。

　　1985 年，英国化学家哈罗德·沃特尔·克罗托和美国科学家理查德·斯莫利、罗伯特·科尔合作，用激光照射石墨，石墨在高温下发生气化、蒸发。然后他们用高压氦气流把气化的碳原子吹进一个真空室里，由于真空室里没有空气，碳原子就发生膨胀，然后快速冷却下来。三位科学家研究了冷却后的物质，结果发现里面有一种新材料。

　　克罗托是一位多才多艺的科学家，他不仅擅长物理、化学，而且是一位艺术爱好者，而且达到了专业水平，在业余时间，他经常为一些杂志设计封面图案。以前，他看到过美国建筑师巴克敏斯特·富勒（Buckminster Fuller）设计的作品，这件作品有一个网格状的穹顶，如图 3-9 所示。

图 3-9　建筑师富勒及其作品

当然，现在这种建筑已经很常见了，但当时是首创。克罗托受到这座建筑的启发，推测他们发现的新材料和它很像，应该是一个空心的笼子状的结构。所以，克罗托建议，用那位美国建筑师的名字为这种新材料命名，叫做 Buckminsterfullerene，简称 Fullerene。和石墨烯的英文名称一样，后缀 "-ene" 也表示多环芳香烃，翻译成中文就是富勒烯。

也有人用富勒的名字 Buckminster 的词头 Buck 来命名这种新材料，叫 Buckyball，中文名叫 "巴基球"。

后来，其它研究者进一步研究了富勒烯的微观结构，结果和克罗托的推测完全一致。

1992 年，科学家在俄罗斯开采出一块矿石，发现它是几亿年前形成的，里面竟存在一些富勒烯！

1996 年，三位科学家因为发现富勒烯而获得了诺贝尔化学奖。

后来，研究者继续进行研究，又有很多新的发现。比如，2010 年，加拿大的科学家用美国发射的 "史匹哲" 号红外线太空望远镜发现，在 6500 光年外的空间里存在富勒烯分子。

另外，除了 C_{60} 外，人们发现，富勒烯还有其它的类型，包括 C_{70}、C_{28}、C_{32}、C_{50}、C_{70}、C_{84}、……、C_{240}、C_{540} 等，而且富勒烯的形状也有多种：除球形外，还有椭球形、柱形、管形等。

2014 年，科学家仿照富勒烯的结构，用硼原子制备出了硼富勒烯。

三、性质和应用前景

富勒烯是人类发现的碳的第三种晶体形式的同素异形体，它的结构很奇特，引起了人们强烈的兴趣。

人们发现，富勒烯具有一些特殊的性质：它的硬度比金刚石还高，导电性比铜好，而且密度很低，只有铜的 1/6。所以，它在化学、新材料、电子、生物医药等领域具有广阔的应用前景。

1. 高硬度耐磨材料

由于富勒烯的硬度很高，所以可以用它制造高硬度耐磨材料。既可以单独用它制造纯富勒烯耐磨材料，也可以把它加入到其它材料里，制造复合材料，比如塑料、涂料、混凝土、金属等。

如果在齿轮表面涂覆一层富勒烯薄膜，耐磨性会大大提高，从而能延长齿轮的使用寿命。如果在汽车玻璃表面涂覆一层富勒烯薄膜，就变成了一种优异的防弹玻璃；如果在汽车车身覆盖一层富勒烯薄膜，它就永远不会出现划痕了。如果在手指上覆盖一层富勒烯薄膜，那就可以直接切割玻璃了，就再也不用买玻璃刀了。

2. 微型轴承

研究表明，C_{60} 分子的圆度很高，接近标准的球形。所以，有人提出，它和轴承里的滚珠很像，是一种尺寸特别小的微型分子滚珠，可以用它制造微型轴承。

3. 润滑材料

富勒烯有很好的润滑性，所以可以制造润滑材料。既可以加入到其它的润滑剂中，提高它们的润滑性，也可以单独作为固态润滑剂。

4. 催化剂载体

看到富勒烯独特的笼子形结构，相信很多人都会想往里面塞一些东西。化学家提出，可以用它作为催化剂的载体，里面装载催化剂。用富勒烯装载催化剂，一个重要的优点是：它可以很好地保护催化剂，防止它们泄漏、流失。

5. 气体储存

有的研究者提出，可以利用富勒烯的笼子形结构储存气体，比如氧气、氢气等。目前，医院里储存氧气都是用高压钢瓶，储存和释放过程都比较麻烦，而且容易发生安全事故。研究表明，富勒烯可以在常压下储存和释放气体，操作很方便，安全性也更高。

目前，储存氢气使用的材料的储氢密度比较低，也就是储存容量较小。而且储存和释放操作比较麻烦，安全性比较差。研究发现，富勒烯的储氢密度比目前常用的材料都高，比如，如果按照重量计算，它的储氢能力比常用的金属材料高。其储存和释放过程有比较好的可控性：储存氢气时，可以通过控制温度和压力，让富勒烯和氢气形成化合物，这种化合物在常温下很稳定，氢气不容易发生泄漏，所以安全性很高；需要释放氢气时，只需要加热到 $80\sim$ $215℃$，化合物会发生分解，从而释放出氢气。

6. 生物医药领域

富勒烯在生物医药领域也有很好的应用价值。首先，它可以作为药物的载体，把药物输送到病变部位。和传统的药物载体相比，富勒烯有比较明显的优点。

① 负载量大：在重量相同的情况下，富勒烯比其它载体能负载更多的药物。

② 密度低、体积小：富勒烯输送药物速度更快。

③ 对人体无毒无害，有良好的生物相容性。

④ 如果对富勒烯进行改性后，它可以具有很好的靶向性，也就是可以有的放矢，把药物准确地输送到病变位置。

另外，研究表明，富勒烯本身也具有一定的医疗价值：它能够清除生物体内的自由基，具有一定的抗衰老作用。

7. 其它领域

富勒烯还有很多其它的应用，比如，可以用它制造传感器，这种传感器具有很高的灵敏度，而且体积小、重量轻。

也有研究者提出，可以把锂放进富勒烯里面，制造新型的锂电池。

此外，研究者用金属钾处理 C_{60} 后，发现它具有超导性，可以制造超导材料。

四、制备方法

为了实现对富勒烯的应用，就需要开发高质量、大规模、低成本的制备方法。近年来，研究者在这方面进行了很多研究，取得了比较大的进展，开发了多种制备方法，目前比较成熟的包括：

1. 电弧法

这种方法是用两根纯度很高的石墨棒作为阴极和阳极，放在电弧室里。电弧室先抽成真空，然后充入氦气。接通电源后，两个电极逐渐接近，当两者的间距很小时，在电压的作用下，会发生电弧放电，产生高温，于是，石墨棒发生气化，产生气态的碳原子，其中有的碳原子会互相结合，形成富勒烯分子。

这种方法的优点是设备比较简单，操作方便，但是耗电量比较大，成本较高。

2. 燃烧法

这种方法使用含碳的物质为原料，比如苯、甲苯等。把原料放入燃烧室内，充入氧气和惰性气体如氩气，控制气体的压强，让原料进行不完全燃烧，燃烧产物里存在富勒烯。对燃烧产物进行提纯后，可以得到富勒烯。

这种方法的优点是设备简单，操作方便，原材料丰富，价格便宜；而且可以连续向燃烧室内充入原料，所以能够实现大规模连续化生产；还可以通过调整原料的比例和工艺参数，控制富勒烯的产量，所以是目前工业化制备富勒烯的主要方法。

3. 太阳能蒸发石墨法

这种方法用石墨作为原料，放入反应室里，充入氦气，然后把阳光聚焦并照射石墨，石墨在高温下发生气化，产生气态的碳原子；碳原子冷却后，会形成富勒烯。

这种方法的优点是富勒烯的产率比较高。研究表明，通过控制工艺参数，富勒烯的产率能达到20%。但是，这种方法的效率比较低，不容易进行大规模生产。

第三节 碳纳米管

一、碳纳米管是什么？

碳纳米管是碳元素的第四种同素异形体，它的形状也很特别：是由若干个碳原子构成的管状结构，直径是纳米尺度，一般是几个或几十个纳米，长度一般是微米尺度。如图 3-10 所示。

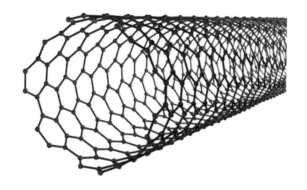

图 3-10　碳纳米管

另外，碳纳米管的层数也不一样：有的是单层，叫做单壁碳纳米管；有的是多层，叫做多壁碳纳米管。如图 3-11 所示。

图 3-11　一层、二层和三层碳纳米管

二、发现过程

碳纳米管的发现历史也很悠久：早在 1890 年，人们就发现，当加热含有碳元素的气体时，会产生一些细丝形状的物质。现在人们认为，这些细丝里可能有碳纳米管。

20 世纪 50 年代，在石油化工生产中，人们发现，石油被加热后会发生"积炭"现象，这和我们熟悉的汽车发动机"积炭"基本相同。因为这种现象会影响设备的运转效率，所以为了消除它，当时人们进行了很多研究。现在人们认为，当时那些"积炭"里面也可能存在碳纳米管。

20 世纪 70 年代末，新西兰科学家用两个石墨电极进行电弧放电实验时，发现电极表面有一些很细小的纤维簇，就像大葱的葱须一样。他们对这些小纤维簇进行了研究，发现它们的微观结构和石墨差不多。实际上，这些纤维簇就是碳纳米管。但是他们没有意识到这些纤维簇是一种新材料，就没有深入研究。

1986 年，克罗托等三位科学家获得诺贝尔化学奖后，全世界掀起了一阵研究富勒烯的热潮。1991 年，日本 NEC 公司的饭岛澄男研究富勒烯时，偶然发现样品里有一些很奇怪的管状的物质。前面提到，在 1980 年，他用显微镜观察到了富勒烯，但没有在意，因而错过了获得诺贝尔奖的机会。这次，他没有轻易放弃，而是把观察结果发表在著名的学术杂志 Nature 上，结果很快就引起轰动，这就是碳纳米管。从那之后，碳纳米管又在全世界引起一场研究热潮。

我们看到，在饭岛澄男先生之前，人们已经不止一次地发现了碳纳米管，但都没有给予足够的重视，没有人意识到它的价值。

从饭岛澄男先生的发现里，我们可以得到宝贵的启示：科研成果来源于细心、对科学的强烈的好奇心以及敏锐的"嗅觉"。他发现的富勒烯和碳纳米管，都是和很多其它产物混杂在一起的，首先是由于他的细心，才发现了它们的与众不同之处；其次，对科学的好奇心，使他认为它们并不是简单的"杂质"而忽视；最后，碳纳米管的发现，体现了他的敏锐的"嗅觉"——他意识到：它们可能和当年自己错过的富勒烯一样，是一种新物质。

三、性质和应用前景

碳纳米管是一种纳米材料，具有优异的力学、电学、热学、化学等性能，在很多领域具有重要的应用价值。

1. 高性能复合材料

碳纳米管的强度是钢的 100 倍，密度却只有钢的 1/7～1/6，而且有很好的韧性和柔性，所以适合制造高强度复合材料，有效地提高普通塑料、金属、陶瓷的强韧性。

另外，碳纳米管有优异的导电性和导热性，可以制造特种复合材料，如导电塑料、导热塑料等。

2. 环境保护

碳纳米管是中空结构，具有很大的比表面积，吸附能力强，所以可以用于环保领域，包括污水处理和空气净化，它能够有效地吸附污染物。

3. 催化剂载体

碳纳米管可以负载大量的催化剂，提高化学反应的效率。

4. 储氢材料

碳纳米管可以作为储氢材料，具有储存量大、重量轻等优点。

5. 电子元器件

碳纳米管有很好的导电性，而且体积小，所以可以制造新一代的微型电子元器件和集成电路，用它们制造的计算机运行速度更快，而且体积小、能耗低。图 3-12 是研究者用碳纳米管制备的一种电子元器件——场效应晶体管的示意图。

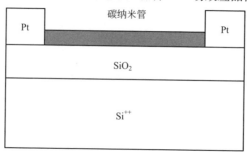

图 3-12　碳纳米管场效应晶体管示意图（中科院化学所）

碳纳米管能抵抗宇宙射线的辐射而不发生破坏，所以美国的研究者计划用它制造航天器中的电子元器件。

6. 锂离子电池

有的研究者用碳纳米管制造了新型的锂离子电池，这种电池的容量很高，如果手机使用这种电池，可能很长时间都不用充电了；如果电动汽车使用这种电池，续驶能力会大大提高，从而解决目前续驶能力差这个瓶颈问题。

7. 高灵敏度传感器

研究者发现，碳纳米管上即使含有微量的其它物质，比如一个很小的微粒，它的导电性也会发生明显的变化，所以，可以利用这种性质研制高灵敏度的传感器。比如，有的研究者用碳纳米管研制了一种"纳米秤"，它可以称量一个病毒分子的质量，德国的科学家研制的"纳米秤"可以称量一个原子的质量。

8. 纳米试管

化学家提出，可以用碳纳米管作为微型的试管，在里面进行特殊的化学实验，比如只让两个分子发生化学反应。

9. 纳米模具

碳纳米管的内径很细，所以可以用它作为纳米模具，制备特别细小的产品。比如，有的研究者用它制造了世界上最细的纳米线。

四、制备方法

经过多年的发展，人们开发了多种制备碳纳米管的方法，常见的如下。

1. 电弧放电法

当年饭岛澄男先生第一次发现碳纳米管就是在电弧放电法制备的产物里。后来，这种方法成为制备碳纳米管主要的方法。

这种方法是先在石墨粉末里加入催化剂，然后制造成电极，安装在反应器里。向反应器里充填惰性气体，如氦气或氩气。通电后，电极之间发生电弧放电，产生高温，石墨在高温下发生气化，会生成多种产物，包括炭黑、富勒烯、碳纳米管等，说不定也有人们至今尚未发现的其它产物。

电弧放电法的技术简单易行，制备碳纳米管的速度比较快。但是缺点是生成的副产物比较多，需要进行分离和提纯才能得到碳纳米管；碳纳米管的质量也比较差，缺陷较多；另外，这种方法的能耗比较大，制备成本较高，不适合进行大规模生产。

2. 化学气相沉积法

这种方法用含碳元素的气体为原料，比如甲烷。把原料充入反应室中，反应室里有催化剂。对原料加热，在高温下，原料发生分解，产生碳原子，碳原子在催化剂的作用下会生成碳纳米管。

化学气相沉积法有多个优点：

① 气体原料可以连续充入反应室里，所以能够进行连续生产。目前，它是最有前景的大规模制备碳纳米管的方法。

② 制备工艺参数容易调整，所以碳纳米管的质量容易控制。

③ 由于原料和部分产物是气体，所以碳纳米管容易分离和提纯，纯度较高，产率也高。

④ 这种方法的原料丰富，价格低廉，设备也简单，所以产品的生产成本比较低。

所以，化学气相沉积法是很有前景的一种方法。

3. 激光蒸发法

这种方法是在石墨粉末里加入催化剂，制成靶材，放入石英管内，再放入加热炉里加热。加热到一定温度时，向石英管里充入惰性气体气流，并用激光照射石墨靶材。石墨在激光的作用下发生气化，生成的气态碳原子和催化剂被惰性气体气流吹到低温区域，碳原子在催化剂的作用下会形成碳纳米管。

这种方法的优点是：可以得到单壁碳纳米管，而且可以通过调整工艺参数控制产物的质量和产率。但是需要使用专业设备，而且工艺步骤比较复杂；另外，这种方法的生产效率比较低。

除了上述方法，研究者还设计了其它一些制备方法，比如固相热解法、聚合反应合成法等，这里不再一一介绍了，感兴趣的读者可以查阅相关的资料。

第四章

天生异相

——石墨烯的结构

我们都知道，钻石和石墨的化学成分完全相同，只是由于结构不同，导致它们的性质有天壤之别：钻石光彩夺目，而石墨黑不溜秋；钻石是自然界最硬的物质，无坚不摧，而石墨是最软的矿物，"人见人欺"……

经过这些年的研究，人们发现，石墨烯的结构也很特别，可以说是"天生异相"。在本章，我们就来了解一下它的奇异之处。

第一节　石墨烯之美

在石墨烯被发现之前，人们已经知道它的结构了，本来完全有可能去深入了解它、欣赏它，但是，由于石墨包括很多层石墨烯，所以，人们的注意力基本都停留在石墨的整体结构上，被它的层状的整体结构吸引住了，想不到去关注单独的一层，好像只关注一本书的厚度，却没有去认真观察其中的一页，也就是"只见森林，不见树木"。

现在，当我们把注意力集中在这单独的一层上面时，发现它好像突然离我们特别近了，我们能够看到很多以前没有看到的景象。如果从美学的角度出发，石墨烯在很多方面都能引起人们的美感。

一、形式美

我们都知道毕达哥拉斯这个人，他是古希腊著名的数学家，发现了勾股定理和黄金分割率。另外，他还是一位杰出的哲学家和美学家，希腊的美学思想就起源于以他为代表的一个学派——"毕达哥拉斯学派"。这个学派认为，美是由物体的形式产生的：当物体的各个部分比较和谐，或符合一定的比例时，它看起来就很美。比如，他们认为，在所有的平面图形里，圆形是最美的；在所有的立体形状里，圆球是最美的。

他们的观点和我们平时的经验很吻合。比如，去河边捡鹅卵石时，一般情况下，人们更喜欢形状规则的石头，尤其是圆球形的；其它的石头，形状越规则，人们一般也越喜欢，比如方形、三角形、其它多边形等，而且越接近正多边形，人们越喜欢，因为觉得它们越美、越漂亮。

从石墨烯的图形，我们可以看到，整片石墨烯是由很多个正六边形组成的，它们形状规则、大小一致、排列整齐、致密、分布和谐，所以很容易让人产生一种美感。

二、"无限"美

18世纪，英国有一位美学家叫博克，他认为，当物体给人一种"无限"的感觉时，也会让人产生美感，比如广阔无际的大海、一望无边的沙漠、深邃的夜空、春天里绿油油的麦田……

我们看图4-1中的石墨烯，那些向无穷远处延伸的碳原子，是不是也使我们心里产生一种美感呢？

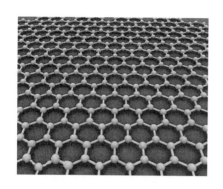

图 4-1　石墨烯的无限之美

三、飘逸美

石墨烯有很好的柔韧性，因此会给人一种飘逸的美感，如图 4-2 所示。

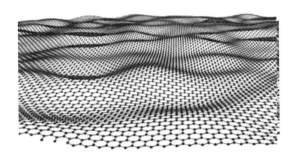

图 4-2 石墨烯的飘逸之美

看到它，会不会想起"西京尘浩浩，东海浪漫漫"里大海的波浪，或"大漠风沙里，长城雨雪边"里被风吹皱的沙漠，或"风吹仙袂飘飘举，犹似霓裳羽衣舞"里轻盈舞动的美人的裙摆？

第二节 神奇的六边形

看到石墨烯的结构，很容易联想到蜂巢，它们的结构特别像——都是由很多个六边形组成。

有人可能想过这个问题：石墨烯为什么由六边形组成呢？它和蜂巢有没有联系呢？

它们两个确实有一定的联系。用老子的话说，就是世间万物都遵从"道"、符合"道"，石墨烯和蜂巢也是这样。用达尔文的进化观点解释，就是"适者生存"，也就是这种六边形密集排列的结构有自身的优点，从而能稳定地存在。

人们对蜂巢的结构进行了很多研究，所以我们先看看蜂巢为什么是这种结构，了解了蜂巢的结构的优点，也就可以了解石墨烯的结构了。

早在古希腊，一些富有好奇心、善于思考的人就对蜂巢的结构产生了浓厚的兴趣。当时有一位数学家叫佩波斯，他经过思考和研究，提出一个假想，认为蜜蜂把蜂巢做成六边形，是为了节省材料。人们把他的这个假想叫做"蜂窝猜想"。

后来，又有很多人研究这个问题。目前，人们认为，蜜蜂把蜂巢做成这种结构主要是因为下面几个原因：

1. 充分利用空间，避免浪费

建造蜂巢时，占用的总面积是一定的、有限的，不可能太大。这样，就需要充分利用这个面积，不能浪费，让它能容纳尽量多的蜜蜂。

要做到这一点，就要求各个蜂巢必须"无缝"连接，互相之间不能有间隙。另外，蜜蜂在各个方向的活动范围基本是相同的。所以，考虑这两个条件，按照几何原理，蜂巢只能做成三种形状：正三角形、正四边形或正六边形。而其它形状都不能紧密排列，中间会存在间隙，从而浪费面积。

2. 节省材料和时间

既然正三角形、正四边形和正六边形都能充分利用空间，那为什么要做成正六边形而不做成另外两种形状呢？

人们认为，这是为了节省材料和时间。

别的很多动物建造窝巢一般使用天然材料，比如泥土、树叶、小树枝、小草等，但是蜜蜂和它们不一样，蜜蜂建造蜂巢使用的材料是蜂蜡。蜂蜡是工蜂分泌的，据资料介绍，工蜂分泌 1 公斤蜂蜡，需要消耗 16 公斤蜂蜜，而采集 1 公斤蜂蜜，蜜蜂需要飞行 32 万公里的距离，相当于绕地球 8 圈！可见，蜂蜡是很珍贵的，应该节省，不能浪费。

要节省蜂蜡，就涉及一个几何问题：在面积相等的情况下，寻找周长最短的图形。也就是蜂巢的面积一定，要让周长最短。

我们知道，这个问题的答案是圆形。因为在周长相等的图形里，圆形的面积最大；反过来说，在面积相等的图形里，圆形的周长最小。

多边形有等边多边形和各种不等边多边形。1943 年，匈牙利数学家陶斯证明：在面积相等时，正多边形的周长是最短的。

另外，可以比较容易地证明：在面积相同的情况下，在所有的正多边形里，越接近圆形的，周长越短。正三角形、正四边形和正六边形相比，正六边形最接近圆形，所以周长最短。

这样就说明：蜜蜂把蜂巢建造成正六边形，最节省蜂蜡。同时，由于正六边形的周长最短，所以，建造蜂巢需要的时间也最少。这就验证了古希腊那位数学家的假想了。在 18 世纪时，人们就认为，正六边形的蜂窝结构是自然界最有效劳动的代表，达尔文评价蜂巢"最大限度地节省了劳力和蜂蜡的使用"。

3. 强度高

有人也证明：正六边形的强度也很高，所以使蜂巢很坚固。具体的证明过程涉及比较专业的内容，我们在这里就不详细介绍了，感兴趣的读者可以查阅其它资料。

所以，人们普遍认为，蜜蜂是杰出的建筑师，蜂巢是一项完美的建筑工程。从美学的观点看，它是技术美学的典型代表：性能优异，外观漂亮，内在性能和外在形式很好地结合在了一起。

人们也从蜂巢中获得了很多灵感和启示。在很多行业中，人们都采用了这种结构。比如，图 4-3 是一种建筑构件。

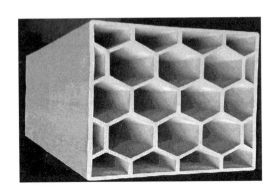

图 4-3　蜂巢型建筑构件

蜂巢结构使这种构件坚固耐用，而且节省材料和制造时间。

在航空航天领域，人们也利用了这种结构。比如，美国 B-2 隐形轰炸机和很多航天飞机、卫星都使用了一种像"三明治"的构件，这种构件包括三层：上层和下层分别是两块金属薄板，中间是一层蜂窝状结构。这种构件有很高的强度和刚度，而且重量轻，同时具有比较好的隔声、隔热和保温性能。据报道，航天器的很多部件都采用了这种结构，包括外壳、机翼、机舱、发动机罩、尾喷管、天线、太阳能电池翼板等。所以，人们把这类航天器叫做蜂窝式航天器。

近年来，很多建筑都要求具有较好的隔声性，有的建筑材料厂家生产了一种陶瓷吸声板，它采用了蜂窝结构。实践表明，这种吸声板的吸声性能优良，而且外形美观，重量轻，节省原材料，受到很多用户的欢迎。

在日常生活里，我们会看到很多网状的用品，如球网、渔网、布料等，它们很多是四边形，可以想象，如果编成六边形的，是不是会更好呢？

第三节　"碳"网恢恢——石墨烯的尺寸

石墨烯的形状虽然像蜂巢，但是，它的尺寸和真正的蜂巢相差很悬殊：蜂巢的六边形边长一般是几个毫米，深度也是几个毫米。

一、石墨烯的六边形

在石墨烯里，每个六边形的边长只有 0.142 纳米，碳原子的半径是 0.077 纳米，利用几何关系，可以计算出，六边形的中间可以放一个半径最大为 0.07 纳米的小球，如图 4-4 所示。

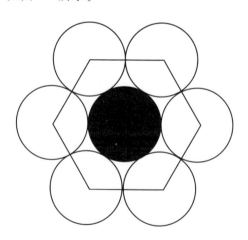

图 4-4　石墨烯的间隙

从资料里可以查到，水分子的半径是 0.2 纳米，氧气分子的半径是 0.173 纳米，氮气分子的半径是 0.13 纳米，氢气分子的半径是 0.145 纳米，所以，氦气分子的体积是最小的，即使是它，也不能通过石墨烯的间隙！

所以，虽然石墨烯看起来有很多孔，但实际上它是密不透风的，所谓"碳"网恢恢，疏而不漏。

二、厚度

石墨烯仅由一层碳原子组成，它的厚度只有 0.335 纳米，是目前世界上最薄的材料。平时，人们经常用"薄如蝉翼"来形容物体特别薄，实际上，石墨烯比蝉翼薄得多：平时我们使用的 A4 打印纸的厚度是 0.1 毫米左右，相当于 300000 层石墨烯的厚度。

《新华字典》的厚度如果按 1 寸（约 3.33 厘米）计算，如果用石墨烯制造 1 寸厚的字典，那这种字典会有 1 亿页！

第四节　石墨烯的种类

理想的石墨烯就是由一层碳原子组成的单原子层，但是，在制备过程中，人们经常得到两层或层数更多的薄膜，它们的性质和单层石墨烯比较接近，所以，人们把它们也称为石墨烯。

所以，目前人们所说的"石墨烯"有几种类型：单层石墨烯、双层石墨烯和少层石墨烯。

一、单层石墨烯

单层石墨烯就是前面介绍的由一层碳原子构成的石墨烯。

二、双层石墨烯

双层石墨烯是由两层碳原子构成的石墨烯，如图 4-5 所示。

研究者发现，双层石墨烯有的性质和单层石墨烯相近，但有的性质和单层石墨烯不同。比如，美国纽约市立大学的研究者制备了一种双层石墨烯，发现

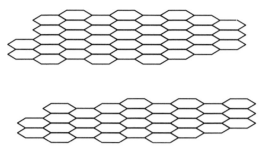

图 4-5　双层石墨烯

它可以在室温时转化为新材料，这种新材料的硬度比金刚石还高，还具有特殊的电性能。

这项研究结果使人们能研制出新型的高硬度材料，比如人造金刚石，可以用它们制造耐磨涂层甚至超轻薄的防弹衣，也可以用来制造新型的电子元器件。

2018 年，*Nature* 报道了美国麻省理工学院科学家的一项研究成果：他们发现，当把双层石墨烯的两层碳原子互相扭转成具有一定的夹角时，石墨烯会成为超导体。这个角度是 1.1°，研究者把它叫做"魔角"。

目前人们发现的超导材料的化学成分和微观结构都比较复杂，这就使得人们不容易理解超导现象的原理，从而不能在理论指导下研制性能更好的超导材料。而双层石墨烯的化学成分和微观结构相对比较简单，有助于人们理解超导原理，从而在将来研制出性能更好的新型超导材料，比如室温超导体，实现对超导材料的广泛应用。

三、少层石墨烯

少层石墨烯一般由 3～10 层碳原子构成。

有的资料里还介绍了石墨烯的另一种类型——多层石墨烯，由 10 层以上碳原子组成。

第五节　石墨烯的真面目

前面看到的石墨烯的图形都是非常规则、整齐的六边形蜂窝结构，实际上，人们制备的石墨烯很多都不是那种理想的形状：有的表面不平整，有的还存在一些缺陷。

一、表面褶皱、折叠、扭曲

很多石墨烯的表面并不是平的，经常有褶皱、折叠或扭曲现象，如图 4-2 所示。

如前所述，这些褶皱和扭曲使石墨烯具有别样的风貌：它们看起来好像无垠的沙漠，我们仿佛能看到一队骆驼在上面坚强地前行，又好像看到玄奘法师孤独但满怀希望的身影；它们也像莫高窟里那些舞动的飞天的裙摆，轻盈、飘逸，我们好像看到了她们优美的舞姿；它们也像惊涛骇浪的海面，波涛翻滚，但我们好像也能看到海燕"像黑色的闪电，在高傲地飞翔"，它们"箭一般地穿过乌云，翅膀掠起波浪的飞沫"。

科学家认为，石墨烯产生这些现象，有几个原因：首先，它是一种理想的二维材料，上方和下方都没有碳原子，所以石墨烯平面上的碳原子不稳定，容易发生扰动；其次，石墨烯里的碳—碳键有一定的柔韧性，它的理论长度是 0.142 纳米，但实际上，不同位置的碳—碳键的长度不完全一样，碳原子之间的结合力也不完全一样，这样，并不是所有的碳原子都在石墨烯平面上，有的会偏离平面，从而造成褶皱或扭曲。

现在，人们普遍认为，石墨烯的褶皱具有重要的作用：正是由于它们的存在，石墨烯才能稳定地存在。

研究者还发现，石墨烯的层数不同，褶皱的程度也不一样：单层石墨烯的褶皱程度比双层石墨烯高；而且，石墨烯的层数越多，褶皱程度越低，也就是越来越平整、光滑。

科学家还研究了褶皱对石墨烯的性质的影响，发现它会使石墨烯具有一些特殊的性质，或者能使原来的一些性质发生改变。

比如，美国布朗大学的研究者把石墨烯沉积在一张高分子薄膜上，然后加热它们，高分子薄膜被加热时会发生收缩，从而使石墨烯的表面产生了褶皱。

然后，研究者测试了石墨烯的性质，发现它的疏水性明显提高了，就像荷叶上的露珠一样，能自动滚落下来。将来可以利用这一点，制造自清洁材料。

另外，褶皱也提高了石墨烯的电化学性质。如果用它做电池的电极，电池的电流密度会大大提高，所以，这种石墨烯有利于制造高效能电池。

科学家也预测，这种具有褶皱的石墨烯也能用来制造可穿戴电子设备，就像夹克一样，可以拉伸，也可以自动收缩。

二、边缘翘曲

除了表面不平整以外，研究人员发现，石墨烯的边缘也经常发生翘曲，如图 4-6 所示。

图 4-6　石墨烯边缘的翘曲

研究者发现，翘曲程度也和层数有关系：单层石墨烯的翘曲最严重，层数越多，翘曲越不明显。

研究者分析了翘曲的原因，认为这是因为石墨烯边缘有一种特殊的化学键，叫"悬键"，如图 4-7 所示。

"悬键"的能量比石墨烯内部的键高，所以它们通过发生翘曲，使自己的能量降低，从而保持平衡。

三、石墨烯的缺陷

在石墨烯的内部，有的位置并不是理想的六边形，经常出现一些偏离理想的六边形的结构，这种位置叫晶体缺陷。按照缺陷的几何特征，可以分为点缺

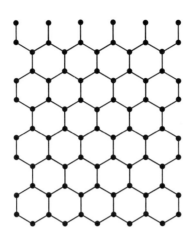

图 4-7 "悬键"

陷、线缺陷和外来缺陷。

1. 点缺陷

点缺陷也叫零维缺陷，它的形状好像一个点，也就是三个方向的尺寸都很小。点缺陷有几种，包括空穴、置换原子、间隙原子等。

石墨烯如果被加热或被高能粒子束轰击，有的碳原子的能量升高，会离开它原来的位置，移动到别的位置。原来的位置变空了，就叫空穴或空位；新位置上的碳原子叫间隙原子。空位和间隙原子都偏离了理想的六面体，所以都是点缺陷。如图 4-8 所示。

人们把空穴又分为单重空穴和多重空穴：单重空穴是某个位置失去一个碳原子形成的，多重空穴是单重空穴再失去一个或多个碳原子形成的。

2. 线缺陷

石墨烯在生长过程中或受到外界作用时，有时候，里面的一排碳原子会偏离原来的位置，形成缺陷，这种缺陷好像一条线，有的是直线，有的是曲线，所以叫做线缺陷，它属于一维缺陷。

3. 外来缺陷

在石墨烯的制备过程中，或者对石墨烯进行改性处理时，一些外界物质会和石墨烯结合，形成新的结构，这些新结构和原来的理想六边形不一样，也属

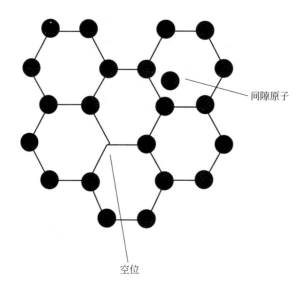

图 4-8　点缺陷

于晶体缺陷，人们把这种缺陷叫做外来缺陷或外引入缺陷。

外来缺陷可以分为两种：一种位于石墨烯平面的外部，另一种位于石墨烯平面的内部。

位于石墨烯平面外部的缺陷可以由一些外界物质引起，比如氧原子、金属原子、羟基、羧基等官能团，它们和石墨烯里的碳原子结合，而它们位于石墨烯平面的外部，如图 4-9 所示。

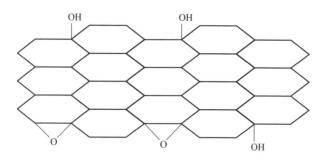

图 4-9　外部缺陷

　　第二种外来缺陷也是一些外界物质引起的，如氮、硼等原子，它们并不和碳原子结合，而是会取代石墨烯里的一些碳原子，占据碳原子的位置。这也是一种缺陷，而且位于石墨烯平面的内部。

　　石墨烯的缺陷对它的外观、形状、尺寸等都会产生影响。更重要的是，这些缺陷会影响石墨烯的很多种性质，包括溶解性、力学性质、电性能、化学性能、石墨烯和其它基体的结合力等。目前，人们采取了多种方法，通过引入缺陷，使石墨烯具有特定的性质。在后面的章节里，会详细介绍这方面的内容。

第五章

打开"未来之门"的钥匙

——石墨烯的性质

《三国演义》里有两个人，相貌奇丑，一个是庞统，他长得"浓眉掀鼻，黑面短髯，形容古怪"，就是眉毛特别浓，鼻孔向上翻，面孔很黑。所以孙权和刘备看到他后，心里都不太高兴。第二个是张松，他的模样是"额外镶头尖，鼻偃齿露，身短不满五尺，言语有若铜钟"，额头向外突出，头顶很尖，鼻子是扁的，门牙露在外面。一向"唯才是举"的曹操见到他，也是"五分不喜"。

但是常言说得好："人不可貌相""有异相者，必有异能"。庞统号称"凤雏"，和诸葛亮齐名，辅佐刘备攻打西川。有人经常做一个假设：如果庞统不过早地死去，就不会有后来的关羽"大意失荆州"，魏、蜀、吴三国就会是另一种结局了。张松有过目不忘的能力，能言善辩，而且善于识人，胆量过人，《三国演义》里称赞他："语倾三峡水，目视十行书。胆量魁西蜀，文章贯太虚。"

其实，上面的话不只适用于人，也适用于万物，比如石墨烯。正是由于它有独特的结构，所以研究者发现，它有很多奇特的性质，从而被称为"新材料之王"。

第一节　比表面积

我们都知道表面积是什么意思。物体的表面积和它的质量的比值就叫比表

面积,或者说,比表面积是单位质量的物体具有的表面积:

$$比表面积＝表面积/质量$$

比表面积对材料的一些性质影响很大,比如,比表面积大的材料,化学活性比较高,吸附能力也强。口罩能有效地吸附灰尘和烟雾,就和它的比表面积有关:口罩一般是用无纺布制造的,无纺布的比表面积很大。

现在,很多家庭里都使用净水器。净水器里有一个重要的部件,叫陶瓷过滤器,它的里面安装了一种微孔陶瓷颗粒,这种颗粒有很多微孔,所以比表面积很大,能够有效地吸附水中的杂质,如图 5-1 所示。

图 5-1 陶瓷过滤器使用的微孔陶瓷

材料的比表面积和它的尺寸和结构有关:材料的体积越小,比表面积越大。比如两个小立方体,一个的边长是 2cm,另一个的边长是 1cm,假设材料的密度是 $1g/cm^3$,那第一个立方体的比表面积就是:

$$(2cm×2cm×6)/[(2cm)^3×1g/cm^3]＝3cm^2/g$$

第二个立方体的比表面积是:

$$(1cm×1cm×6)/[(1cm)^3×1g/cm^3]＝6cm^2/g$$

如果把一块大物体破碎成几个小块,这几个小块的总质量和原来的大块一样,但是它们的总的表面积比原来的大块增大了,所以比表面积会增加。比如,把边长 2cm 的立方体切成边长 1cm 的小立方体,一共可以切成 8 块。原来的大立方体的比表面积是 $3cm^2/g$,现在的 8 块小立方体的比表面积是:

$$[(1cm×1cm×6)×8]/[(1cm)^3×1g/cm^3×8]＝6cm^2/g$$

如果把边长 2cm 的立方体切成边长 0.5cm 的小立方体,一共可以切成 64 块,它们的总比表面积是:

$$[(0.5cm×0.5cm×6)×64]/[(0.5cm)^3×1g/cm^3×64]＝12cm^2/g$$

如果继续制备成粉末，比表面积会继续增大。而且粉末越细，比表面积越大。

有的材料内部有很多孔隙，所以比表面积也很大，比如活性炭就是一种典型的多孔材料，比表面积很大，能大量吸附空气和水里的杂质，包括烟尘、废气等，所以广泛应用在污水处理、空气净化等领域。人们在房间和汽车里用的一些除味剂，里面的材料很多就是活性炭。图5-2是活性炭的微观结构。

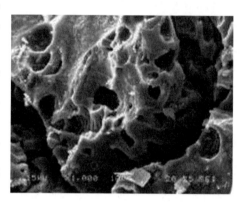

图 5-2　活性炭的微观结构

活性炭的比表面积一般是 $500\sim1500\mathrm{m}^2/\mathrm{g}$，而石墨烯的比表面积是 $2630\mathrm{m}^2/\mathrm{g}$，是活性炭的 2 倍多。这和石墨烯的结构有关系：石墨烯只由一层碳原子组成，而且面积很小（目前人们制备的石墨烯的尺寸多数都是纳米和微米尺度）。所以体积特别小，质量小，比表面积比较大。

第二节　力学性质

用一张纸搓一根绳子，用手很容易就能把它拽断，但用手拽一根钢丝，却不能拽断。原因大家很容易理解：它们的结实程度不一样。用专业术语说，就是因为它们的强度不一样。

在一些小说里，经常形容一些宝刀或宝剑能够"削铁如泥"，这形容的是宝刀或宝剑的哪种性质呢？大家也明白：它指宝刀或宝剑的硬度很高。

但是，在金庸先生的小说《倚天屠龙记》里，虽然屠龙刀和倚天剑都坚硬无比、无坚不摧，但是周芷若拿着它们互相砍，结果两者竟同时断为两段！这是为什么呢？是因为它们的韧性都不好。

强度、硬度、韧性等都属于材料的力学性质。

一、坚如磐石——硬度

大家知道，在所有材料里，金刚石的硬度是最高的。但是，2008 年，美国哥伦比亚大学的研究者宣布，石墨烯的硬度比金刚石还高！他们用了一个形象的比喻来说明石墨烯的硬度：如果想用一根铅笔把一片保鲜膜那么厚的石墨烯薄片穿透，那需要铅笔上站一头大象才行。他们画了一张很经典、很有趣的示意图，如图 5-3 所示。

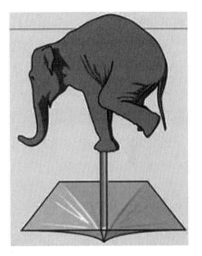

二、坚不可摧——强度

强度是一个很重要的力学性能指标，表示受到外力时不发生变形或断裂的能力，用普通话来说就是结实。

强度可以分为不同的类型，如抗拉强度、抗压强度、抗弯强度、抗扭强度等。抗

图 5-3　石墨烯的硬度的比喻

拉强度指材料受到拉力时而不发生断裂的能力，抗压强度指材料受到压力而不发生断裂的能力，抗弯强度指材料受到弯曲作用而不发生断裂的能力，抗扭强度指材料受到扭力而不发生断裂的能力。

平时用得比较多的是抗拉强度。研究表明，石墨烯是目前已知的强度最高的材料，抗拉强度高达 $120\sim180\mathrm{GPa}$，是钢材的 100 多倍。

石墨烯的硬度和强度为什么这么高呢？原因和它的化学键有关：石墨烯里的碳—碳键的键能很高，要让它们断裂，需要特别大的作用力。所以石墨烯的硬度和强度都很高。

三、百折不挠——韧性

韧性表示材料受到冲击或撞击作用时不发生断裂的能力。韧性好的材料，当受到的冲击力比较大时，能够发生比较大的变形，但是却不会折断。

韧性和脆性是一对对立的性质：韧性好的材料，脆性就低；韧性差的材料，脆性就高。我们平时使用的刮胡刀片、奥运会击剑比赛使用的剑，韧性都

很好，它们受到撞击时很难折断。前面提到的屠龙刀和倚天剑虽然硬度很高，但是韧性却很差，也就是脆性大，受到撞击时就双双折断了。另外，玻璃、陶瓷、粉笔的韧性也都比较低，脆性很大，受到碰撞时很容易折断。

人们发现，温度对材料的韧性有很大的影响。一般来说，随着温度降低，材料的韧性会变差，也就是脆性会提高，即会变脆。

据报道，"泰坦尼克号"海难发生后，人们进行了大量的调查工作，以分析其原因。后来发现，造成海难的原因有很多，其中一个原因和材料的韧性有关：出事海域的温度很低，导致轮船的钢材韧性降低，也就是变脆了，所以和冰山相撞后更容易发生破裂。

研究发现，石墨烯的韧性很好。因为石墨烯受到外力的撞击时，内部的碳—碳键可以发生弯曲，但是却不会断裂。

四、轻如鸿毛——密度

石墨烯的密度很低，面密度只有 $0.77mg/m^2$，也就是一平方米的石墨烯的质量只有 $0.77mg$。这是一个什么概念呢？我们可以和普通的复印纸对比：$70g$ 的复印纸，每平方米的质量是 $70g$。所以，石墨烯的密度只有 $70g$ 复印纸的 0.000011，即 $1.1/100000$（$0.77mg/70g$）！

石墨烯的体积密度是 $2.3t/m^3$，和石墨一样。

在航空航天工业中，飞行器如飞机、宇宙飞船使用的材料，要求一个重要的力学性能指标，叫比强度。比强度指单位质量的材料具有的强度值。航天器要求材料的比强度要足够高，因为在相同的强度时，比强度越高的材料，质量越小，即重量越轻。

石墨烯由于强度高而且密度低，所以和钢铁、铝合金等材料相比，比强度就更高了：是钢材的 300 多倍，是铝合金的 100 多倍（石墨烯按体积密度计算）。

第三节　电性质

一、石墨烯的电子结构特点

在石墨烯的内部，每个碳原子有四个价电子，其中三个价电子和其它三个碳原子的价电子形成化学键，从而会剩余一个价电子，这个剩余的价电子可以在石墨烯的内部自由运动。

二、电子迁移率

在没有外加电场时，材料中的自由电子进行无规则的运动，没有方向性。当对材料施加电场后，在电场的作用下，自由电子会进行定向运动，形成电流。

施加的电场强度越大，电子的运动速度越快。人们把单位电场强度引起的电子的运动速度叫做电子迁移率。所以，电子的运动速度是迁移率和电场强度的乘积：

$$电子的运动速度＝电子迁移率×电场强度$$

电子迁移率是材料本身的一种性质，材料的种类不一样，电子迁移率的大小也不一样，它和材料的化学成分、微观结构都有关系。

所以，在相同的电场强度下，材料的电子迁移率越大，电子运动速度就越快。电子的运动速度快，材料的电导率就高，用它制造的电子器件的工作速度也快。

现在最常用的半导体材料——硅的电子迁移率是 $1400\ cm^2/V\cdot s$。以前，人们发现的电子迁移率最高的材料是锑化铟，达 $77000cm^2/V\cdot s$，后来，研究者发现，碳纳米管的电子迁移率能达到 $100000cm^2/V\cdot s$。

现在，人们发现，在常温下，石墨烯里的自由电子的迁移率是 $15000cm^2/V\cdot s$，是硅的 10 倍多。美国马里兰大学的研究者说，如果能去除杂质的影响，石墨烯的自由电子的迁移率可以达到 $200000cm^2/V\cdot s$。

由于石墨烯的自由电子迁移率高，所以其运动速度很快，能够达到光速的 $1/300$，远远高于其它材料。

三、导电性

电子的运动速度会影响材料的导电性：运动速度越快，材料的电阻越小，导电性越好。另外，电子的运动速度快，电子元器件的工作速度也快。

所以石墨烯有很好的导电性，它是目前室温下导电性最好的材料，比铜和银都好。

四、温度的影响

普通材料的电阻率受温度的影响比较大。当温度升高时，晶格内的原子的热振动变得剧烈，振幅增大、频率升高，电子在运动过程中更容易被原子碰撞而发生散射，所以迁移率和运动速度都会下降，这样电阻率会变大，导电性变差。

研究者发现，石墨烯的导电性几乎不受温度的影响。当温度升高时，石墨烯的晶格热振动对自由电子的影响很小，电子受到的阻力基本不变，运动速度仍很快，所以石墨烯的导电性很稳定。

五、电性质的可控性

研究者发现，石墨烯的电性质具有可控性。比如，普通的石墨烯的导电性很好，是很好的导体。但对石墨烯进行改性处理后，比如掺杂其它元素的原子，石墨烯的导电性会降低，有可能成为半导体。在一定的条件下，双层石墨烯会成为绝缘体。同样，在前面介绍过，在扭转一定的角度后，双层石墨烯有可能成为超导体。

六、超导性

大家知道，一般的导体都有电阻。而超导材料或超导体则没有电阻，或者说电阻是零，人们把这种性质叫做超导电性。

人类第一次发现超导现象是在1911年，荷兰科学家昂内斯发现，把汞冷却到$-268.98℃$（$4.2K$）时，它的电阻会突然变为0。

后来，他又发现其它一些材料也具有这种性质，他把这种现象叫做超导性。

这种现象十分新颖，而且具有巨大的应用价值。普通的导体在导电过程中，会由于具有电阻而发热，这会浪费大量的电能。如果用超导材料制造导体，就不会产生这个问题了。所以，昂内斯的发现引起了世人的关注，短短两年后的1913年，昂内斯就获得了诺贝尔物理学奖。

迄今为止，人们发现的超导材料有一个缺点，就是需要在很低的温度下才能具有超导性，多数都需要冷却到$-200℃$左右。无疑，这限制了超导材料的实际应用。

为了使超导材料实现产业化应用,人们一直在研制高温超导材料,最理想的就是在室温时就具有超导性。

经过多年努力,1987 年 12 月,美国休斯敦大学的研究者研制的超导材料的临界温度达到了 140.2K(−133℃)。

2014 年,德国马克斯·普朗克研究所的研究者发现,中学化学里介绍的一种很普通的化合物——硫化氢(H_2S),在 193K(−80℃)时具有超导性。2015 年,他们对硫化氢进行了高压处理,压力高达 150 万个大气压,然后发现在 203K(−70℃)时,硫化氢表现出超导性。有人把这项研究称为"超导体的圣杯"。2018 年,他们又发现氢化镧(LaH_{10})用 170 万个大气压进行高压处理后,在 250K(−23℃)时具有超导性。研究者兴奋地说:"我们的研究在向室温超导前进的道路上迈出了一大步。"有的科学家采用理论方法研究高温超导材料,发现钇超氢化物经过高压处理后,在 300K(27℃)具有超导性。如果实验证实了这个结果,那超导体的理论研究和产业化应用都将跨上一个新台阶。

研究者发现,在一定的条件下,石墨烯也具有超导性,包括前面介绍的魔角双层石墨烯。另外,英国剑桥大学的研究者发现,在石墨烯里加入一种叫镨铈氧化铜的材料后,也具有超导性。

目前人们发现的石墨烯超导体的临界温度并不高,但是人们认为,由于它的结构相对比较简单,所以有助于人们理解超导现象的微观机制,从而能够为将来研制新型的高温超导材料提供理论指导。

第四节 热性质

石墨烯的热性质包括几个方面:导热性、熔点、耐热性、热容、热膨胀性等。

一、导热性

用手抚摸水晶和玻璃,会有什么感觉?

会感觉水晶是凉的,玻璃是温的。为什么呢?因为它们的导热性不一样:水晶的导热性好,能把手上的热量很快传走,所以感觉它是凉的;而玻璃的导热性较差，手上的热量不容易被传走，所以感觉它是温的。人们经常用这种方法鉴别真假水晶。

钻石的导热性也很好，比很多假冒产品都高，所以在珠宝行业里，也经常用这种方法检测真假钻石。

在金属中，导热性比较好的是铝、铜、银。暖气片一般用铝而不用铁制造，就是因为铝的导热性更好。在工业领域里，比如电子行业，经常用铜或银作为导热材料。

但这些材料如果和石墨烯相比，那就是小巫见大巫了，石墨烯的导热性比它们都好：在室温下，单层石墨烯的热导率是 $5300W/(m \cdot K)$，而铜只有 $400W/(m \cdot K)$，所以单层石墨烯是铜的 10 倍多，而且是金刚石的 3 倍。表 5-1 是几种常用材料的热导率。

表 5-1　几种常用材料的热导率

材料	银	铜	金	铝	导热石墨片	碳纳米管	金刚石	石墨烯
热导率 /[W/(m·K)]	429	401	317	237	1500～1700	3000～3500	1000～2200	4000～6600

但是，人们发现，石墨烯里的杂质会使它的导热性明显降低。掺杂 1.1% 的碳的同位素 ^{13}C 后，石墨烯在室温时的热导率就下降了 10%～15%。所以，在利用石墨烯的导热性时，需要注意它的纯度。

另外，石墨烯和碳纳米管的导热性具有很强的方向性。石墨烯主要在平面上的导热性好，在垂直平面的方向上，导热性比较差；碳纳米管在沿着管的方向上导热性好，在垂直方向上导热性比较差。

所以，为了改善它们的缺点，有的研究者把石墨烯和碳纳米管结合起来，设计了一种特殊结构的三维材料，如图 5-4 所示。

这种三维材料在各个方向都有较好的导热性。

二、熔点和耐热性

关于石墨烯的熔点，没有统一的结论，多数资料介绍是 3850 ℃，有的资料介绍可能更高，达 4700℃。这是因为，石墨烯中的碳—碳键很强，碳原子之间的作用力大。

由于熔点高，所以，石墨烯在真空中的耐热性很好，即使温度很高，石墨

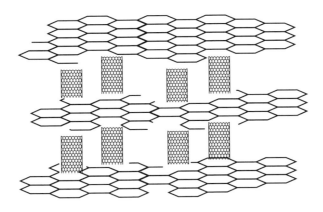

图 5-4　碳纳米管和石墨烯构成的三维纳米材料

烯也不会熔化。

三、比热容

比热容是单位质量的材料的温度升高 1℃需要吸收的热量，或降低 1℃会放出的热量。中学物理里讲过，水的比热容比较高，所以海边的温度比较稳定，冬暖夏凉。因为在夏天，海水会从周围吸收很多热量，从而能使周围的温度降低；在冬天，海水会向周围放出很多热量，使周围的温度升高。也就是说，海水能起到"空调"的作用。

在 20℃时，水的比热容是 4.2kJ/(kg·K)左右。在不同的资料中，石墨烯的比热容值不同，有的是 1365J/(kg·K)，有的是 2000J/(kg·K)，有的是700J/(kg·K)，和水的比热容值有一定的差距。

四、热膨胀性

由于石墨烯中的碳—碳键很强，所以它的热膨胀性很弱，即热胀冷缩现象不明显：当温度升高时，石墨烯的体积膨胀很小；当温度降低时，石墨烯的体积收缩也很小。所以，在温度发生变化时，石墨烯的体积和形状变化都很小。

第五节　光学性质

石墨烯的光学性质包括颜色、透明性、对光线的吸收性等。

一、颜色

单层或层数较少的石墨烯是无色透明的，而多层石墨烯是黑色的，因为光线不能穿透它们。

二、透明性

对玻璃等产品来说，透明性是一个很重要的性能指标，普通玻璃的透光率一般在80%～85%。

我们知道，眼镜片要求透光率要高，这样佩戴者看物体时，视线会很好，感觉物体很清晰。现在的眼镜片很多是树脂镜片，这种镜片的一个重要的优点是透光率高，达到85%～90%。

单层石墨烯的透明性很好，因为它只吸收2.3%的可见光，其余97.7%的光线都可以穿透它。

三、不"挑食"——吸收范围宽

石墨烯虽然对可见光的吸收率很低，但它能吸收的光线的波长范围很宽，除了能吸收可见光外，也可以吸收红外线。

四、可调控性

通过采用化学掺杂和电学调控等方法，人们能够方便地改变和控制石墨烯的光学性质，比如透明性。所以，石墨烯可以用于多种领域中：既可以用它制造对透明度要求高的产品，也可以用来制造对透明度要求低的产品。

第六节　磁性质

石墨烯本身并没有磁性，但研究者们采取了一些办法，让它也能够具有磁性。

一、掺杂

实验表明，在石墨烯的内部掺杂5%以上的氮原子后，石墨烯就会产生磁性。有的研究者发现，如果用铁原子取代石墨烯里的一些碳原子，也可以让石墨烯产生磁性。

二、吸附

研究者还发现，当石墨烯的表面吸附一些硼原子，或石墨烯的边缘吸附一些氢原子后，石墨烯也会产生磁性，如图 5-5 所示。

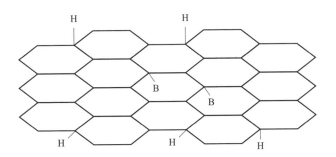

图 5-5　石墨烯的吸附

三、产生空位

美国马里兰大学的研究人员在石墨烯中制备了一些空穴，发现它产生了磁性，如图 5-6 所示。

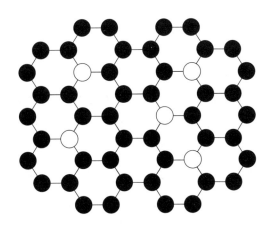

图 5-6　石墨烯里的空穴（白圆圈）

研究者正在进一步研究，通过调整空穴的数量、位置等因素来控制石墨烯的磁性。

四、人工磁化

美国加州大学河滨分校的研究者把石墨烯贴在一块钇铁石榴石磁体上，对石墨烯进行人工磁化，让它产生了磁性。

俄罗斯的科学家制备了一种新材料，它包括三层：最下面一层是金属钴，钴的上面是一层很薄的金原子薄膜，金原子薄膜的上面是一层石墨烯。由于钴具有磁性，所以它和金对石墨烯产生了磁化，使石墨烯也具有了一定的磁性。如图 5-7 所示。

五、和磁性材料复合

有一种磁性材料，叫 $FePS_3$，它的微观结构也是层状结构。剑桥大学的研究人员把 $FePS_3$ 薄片和石墨烯混合在一起，然后对它们施加了 100 万个大气压的高压，制成了一种复合材料，这种材料具有一定的磁性。

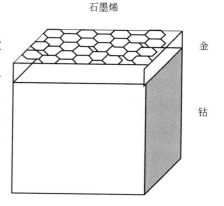

图 5-7　钴-金-石墨烯材料

六、石墨烯对磁性材料的影响

石墨烯产生以来，人们一直在研究别的材料对它的性能的影响，比如在石墨烯的内部掺杂其它元素的原子后，石墨烯的电性能、磁性能有什么变化。这么做的目的是改善石墨烯的性能，让它具有更广泛的应用价值。

而有的研究者则另辟蹊径，研究石墨烯对其它材料的性能的影响。他们的目的是把石墨烯作为一种工具，来改善其它材料的性能。其中一项发现是，在室温下，有的磁性材料和石墨烯接触后，材料的磁性发生了改变！人们认为这是由于它们的界面上发生了一定的反应。

第七节 化学性质

石墨烯的化学性质包括溶解性、吸附性、耐腐蚀性、活泼性等。

一、溶解性

石墨烯是由碳原子组成的，不会溶解在溶剂里，只能分散在一些溶剂里。如果石墨烯的尺寸很小，同时如果也不发生团聚的话，在溶剂里看起来就是无色透明的，好像是溶解了，但实际上并没有溶解。

二、吸附性

石墨烯容易吸附很多物质的原子和分子，如 NH_3、H_2O、NO_2 等。吸附其它物质后，石墨烯的一些性质如导电性会发生比较明显的变化，所以人们经常利用这一点，用石墨烯制造高灵敏度的化学传感器。

三、耐腐蚀性

在常温下，石墨烯的耐腐蚀性很优异，不会被氧气氧化，也能耐多种物质的腐蚀。但是也有例外：

① 在高温下，石墨烯容易被氧气氧化，形成 CO 或 CO_2，化学反应式比较简单：

$$2C + O_2 \longrightarrow 2CO \text{ 或 } C + O_2 \longrightarrow CO_2$$

② 石墨烯容易和一些活泼金属发生化学反应，比如钾。

最早时，研究者发现，如果把石墨放入熔融的或气态的钾金属中，石墨会和钾原子发生化学反应，形成 C_8K、$C_{12}K$、$C_{24}K$、$C_{36}K$、$C_{48}K$、$C_{60}K$ 等物质，人们把它们叫做钾石墨。

后来，研究者发现，石墨烯也会和钾发生类似的反应。

③ 石墨烯能被氧化性酸氧化，比如硝酸。化学反应式是：

$$4HNO_3 + C \longrightarrow 4NO_2 + CO_2 + 2H_2O$$

前面提到过，石墨烯的硬度和强度都很高，所以很难加工。比如，想把一大块石墨烯切成两个小块，就很难做到。现在，人们可以利用硝酸对石墨烯进行加工，把它剪裁成各种尺寸和形状。

四、化学活性

在常温、常压下，石墨烯的化学性质很稳定。但在一定的条件下，它的化学性质会比较活泼，可以和氢、氧、氟、氯、溴等物质发生化学反应，分别生成石墨烷、石墨炔、氧化石墨烯、氟化石墨烯、氯化石墨烯、溴化石墨烯等物质。

人们经常利用石墨烯的这种性质，用其它物质对它进行化学改性，让石墨烯的表面具有一些化学官能团，如羟基、羧基、环氧基等，从而改变石墨烯的一些性质，扩大它的应用领域。人们预计，石墨烯的化学修饰或改性是将来一个重要的研究方向。

比如，在很多时候，人们制备的纳米金属微粒特别容易发生团聚，这样会使它们的催化性能降低。所以人们一直在寻找办法，让纳米金属微粒尽量分散分布。

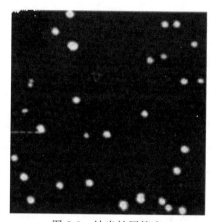

图 5-8　纳米铂团簇在
石墨烯表面的分布

有的研究者想了个办法：先在石墨烯的表面引入一些化学官能团，利用这些官能团让纳米金属微粒分散分布。图 5-8 是纳米铂团簇在石墨烯表面的分布情况。

可以看到，纳米微粒的分散性比较好。研究者通过甲醇氧化等反应测试了纳米铂的催化性能，发现这种用石墨烯负载的纳米铂的性能比用炭黑负载的纳米铂的性能更加优异。

笔者认为，发生这种情况的原因是：石墨烯的表面引入化学官能团后，官能团在石墨烯的表面是分散分布的，它们对纳米金属微粒会起到阻碍、隔离作用，从而能够阻止它们的聚集。

第六章

大显身手
——石墨烯在电子领域里的应用

由于石墨烯具有多种优异的性质，所以它在很多领域里都有潜在的应用价值，包括电力、能源、电子、机械、车辆、航空航天、环境治理、服装、医疗保健等，应用前景十分广阔。人们相信，将来石墨烯会极大地改变人们的生活。

石墨烯最引人注目的应用之一是在电子行业里。诺贝尔奖评审委员会在给海姆和诺沃肖洛夫的颁奖词里提到："石墨烯有可能在电子行业带来一场技术革命。"

在这一章里，我们介绍石墨烯在电子领域里的几种典型的应用。

第一节　让网速更快

2019 年 7 月 26 日，苹果公司宣布，将花费 10 亿美元的巨额资金，收购英特尔公司的调制解调器业务，其中包括 17000 项专利和相关的生产设备。

苹果公司为什么发起这项收购呢？

一、调制解调器（Modem）

我们知道，上网都需要一个重要的零件——调制解调器（Modem），就是我们平时所说的"猫"。它的作用就是转换信号。比如，前些年，人们上网采用的方式是拨号上网，这种方式实际是通过电话线传输信号。但是电话线只能传输模拟信号，而电脑只能处理数字信号，所以人们在电脑上安装了调制解调器，它可以把这台电脑的数字信号转换成模拟信号，由电话线传输给另一台电脑，那台电脑安装的调制解调器可以把接收到的模拟信号转化成数字信号，这样，电脑之间就可以进行数据传输了，比如上网。

这几年，人们开始使用光纤上网了，光纤上网也需要安装一个调制解调器，叫光纤调制解调器，也就是常说的"光猫"。"光猫"的作用是转换电信号和光信号。因为光纤只能传输光信号，所以上网时，一台电脑的电信号首先由"光猫"转换成光信号，然后通过光纤传输给其它的电脑，其它电脑安装的"光猫"再把光信号转换成电信号，传给这些电脑，这样就实现了上网。

手机上网也需要调制解调器，不同品牌的手机安装的调制解调器经常不一样，它们的质量和性能互不相同，使得不同的手机的上网速度、通话质量也不一样。比如，在同一个地方，有的手机很快就能连上网，而有的特别慢；有的信号很强，而有的信号很弱；有的看视频很流畅，而有的断断续续……。这些都和手机里的调制解调器有关系。

所以，调制解调器对手机的影响特别大。很多人应该记得，2019 年 9 月，苹果公司推出的 iPhone 11、iPhone 11 Pro 和 iPhone 11 Pro Max 系列产品不支持 5G，令很多人感到意外和失望。苹果公司的 CEO 库克解释说这是因为 5G 芯片和基础架构等不成熟。他没有明确提到调制解调器，实际上，这也是一个很重要的原因。多年来，苹果手机一直使用高通公司的调制解调器，但那时候，两个公司发生了一些矛盾，高通公司没有给它提供适于 5G 网络的调制解调器，苹果公司在很短的时间内，也没法改用别的公司的产品，所以才造成了这种尴尬局面。

为了扭转这种局面，不再受制于人，苹果公司决定自己生产调制解调器，于是就收购了英特尔公司的调制解调器业务。结果大家已经知道了：一年后的 2020 年 10 月 14 日，苹果公司推出的 iPhone 12 手机支持 5G 网络。

二、石墨烯调制解调器

石墨烯由于具有独特的电子结构以及优异的光、电性质，人们提出可以用它制造新型的调制解调器。目前，国内外很多单位在开展这方面的研究，包括美国加州大学伯克利分校、MIT、哥伦比亚大学，韩国三星尖端技术研究所，新加坡国立大学，我国的电子科技大学、华中科技大学等。

美国加州大学伯克利分校的研究者研制了一种石墨烯调制解调器，他们把石墨烯沉积在一个叫硅波导的光学器件表面，通过施加不同的电场，可以控制石墨烯的透明度，从而实现对光信号的调制。如图 6-1 所示。

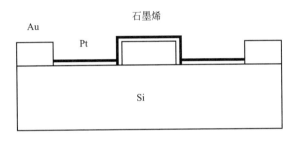

图 6-1　石墨烯"猫"

和传统的产品相比，石墨烯调制解调器具有下面的优点。

1. 信号的调制速度快

从前面对调制解调器的介绍可以看出，它的作用很像一个开关，控制着信号的传入和传出。调制速度是调制解调器最重要的性能，调制速度快，网速就快。人们发现，石墨烯调制解调器对信号的调制速度更快，所以信号的传输速度更快，在单位时间里的传输量也更大，所以上网速度就会提高。

我们经常听说"带宽""宽带"等名词，它们是什么意思呢？"带宽"表示网络在单位时间内传输的数据量，表示网络传输数据的能力，它越大，网络能传输的信息越多。有人把"带宽"形象地表示为道路：普通公路的"带宽"是 1，往一个方向只能通行一辆汽车；而高速公路的"带宽"能达到 4 或更多，即能通行 4 辆或更多汽车。

宽带网络就是带宽比较大的网络，它传输的信息量大，人们在上网时，在单位时间里能接收的信息就多，所以上网速度就快，看视频时会感觉很流畅，下载文件的速度也快。资料介绍，目前石墨烯调制解调器的调制速度是 1GHz，是目前的传统产品的 10 倍以上，如果单从这个指标考虑，那就是上网速度能快 10 倍以上！而且在理论上，将来石墨烯调制解调器的调制速度能达到 500GHz，那时候的网速简直不可预料。

2. 灵敏度高

石墨烯调制解调器的灵敏度更高，能够接收到比较弱的信号。如果手机使用这种产品，可能在很边远的地区也能接收到信号，容易联网。

3. 性能稳定、可靠，不容易出故障

由于石墨烯的力学、物理、化学等性质优异，强度高，耐腐蚀，所以产品的质量可靠，不容易发生损坏，性能稳定。

4. 体积小

目前人们使用的调制解调器的面积一般是几个平方毫米，而石墨烯调制解调器的面积小得多：目前研究者制造的最小的只有 25 平方微米，相当于一平方毫米的表面上可以安装 40 万个这种产品。所以，石墨烯调制解调器可以更加容易地集成到其它的器件上。

5. 能耗低

由于面积小，石墨烯调制解调器的能耗也很低，一方面能节省能量，另一方面有利于延长设备电池的使用时间。

6. 成本低

石墨烯调制解调器使用的石墨烯的量很少，据资料介绍，一根铅笔里的石墨烯可以制造 10 亿个调制解调器！所以成本很低。

7. 应用广泛

石墨烯调制解调器除了可以用于电脑、手机等消费电子产品之外，还可以用于其它工业领域，比如光通信、光计算、气象、天文、生命科学、先进制造等。

第二节　更快、更轻、更便宜的石墨烯电脑

一、摩尔定律

在电子行业里，存在一个有名的现象，叫摩尔定律。它是世界著名的芯片

制造商——美国英特尔（Intel）公司的一个创始人戈登·摩尔（Gordon Moore）提出的。1965 年，他预言：随着技术的进步，集成电路上集成的电子元器件（如二极管、晶体管、电阻、电容等）的数目，每隔 18～24 个月就会增加一倍，所以，集成电路以及电子产品的性能也随之提高一倍，而原来的产品的价格则会降低到原来的一半。后来，人们把这个预言叫做"摩尔定律"。按照这个规律，电子产品的性能将按指数形式提高，而价格则按指数形式下降。

从摩尔定律提出到现在的几十年里，人们发现，电子行业的发展趋势和这个定律特别吻合。比如，英特尔公司 1971 年生产的电脑 CPU 芯片上有 2300 个晶体管，1997 年生产的 CPU 芯片上增加到了 750 万个，2011 年达到了 10 亿个。CPU 的运算速度的发展也基本和摩尔定律相符。另外，计算机硬盘的发展也符合摩尔定律。

二、摩尔定律的危机

进入 21 世纪后，人们发现，摩尔定律出现了危机。人们预测，在 2020—2025 年左右，摩尔定律将失效。

这是因为，至今为止，多数电子元器件使用的材料是硅，随着集成电路上的电子元器件的数量不断增加，它们的尺寸会不断减小，当小到一定程度时，硅会产生量子效应，它的一些性质会发生变化，从而会使元器件甚至整个集成电路、电子产品的性能变得不稳定甚至失效。所以，用硅制造的电子元器件的尺寸不能无限减小，它有一个极限值。现在的电子元器件的尺寸已经接近这个极限了，所以电子产品的集成度和性能很难再按照摩尔定律发展了。

三、小者为王

20 世纪 70 年代，英国经济学家舒马赫（E. F. Schumacher）出版了一本畅销书，叫《小者为美》（*Small Is Beautiful*）。后来，这句话成为了经典，很多人套用它，比如 "Small Is Powerful" "Small Is Possible"。无疑，对电子产品来说，这几句话也特别适用："小者为美""小者为王。"

自从认识到硅的极限后，人们一直在想办法解决这个问题，比如，以前有人提出用碳纳米管制造电子元器件。石墨烯出现后，人们更是眼前一亮，认为找到了新出路。人们普遍认为，硅的极限尺寸是 3～5 纳米，但是如果用石墨烯制造元器件，可以突破这个极限，达到 1 纳米，这时候，它的各项性能仍很稳定。

其实，早在 2007 年 3 月——海姆和诺沃肖洛夫还没有获得诺贝尔奖时，他们就在《科学》杂志上发表论文，宣布用石墨烯制造出世界上最小的晶体管，它的宽度只有 10 个原子，厚度更是只有 1 个原子。

石墨烯的出现，使人们看到了希望：电子产品的前景变得柳暗花明，它们的性能能够继续提高——电脑 CPU 的运算速度会更快，硬盘的存储量还会更大，因而摩尔定律仍能继续适用。

所以，人们普遍认为，将来石墨烯会取代硅，成为新一代的半导体材料，在电子行业内引起一场技术革命。

四、石墨烯电子元器件的优点

和硅相比，用石墨烯制造的电子产品有下面的优点。

① 如前所述，用石墨烯制造的电子元器件的尺寸可以非常小，所以集成电路的集成度更高，性能更优异，功能更强大。

② 石墨烯内部电子的迁移率高，所以电子的运动速度更快，这能提高产品的工作速度，比如计算机 CPU 的运算速度。大家知道，现在用硅制造的 CPU 的工作速度是几个 GHz，而早在 2010 年，研究者就用石墨烯研制了频率达到 100～300GHz 的晶体管。

2011 年 2 月，美国 IBM 公司研制了一种石墨烯场效应晶体管，频率达 100GHz；4 月，又研制成功了频率为 155GHz 的晶体管。欧洲一个公司甚至已经把石墨烯场效应晶体管推向市场了，可以用它制造传感器等产品。

2011 年 6 月，IBM 用石墨烯制造了第一块集成电路，它的频率是 10GHz。另外，日本富士通公司也用石墨烯制造了集成电路产品。

人们预测，石墨烯芯片的运行速度可以达到太赫兹，即 1000GHz 级别，这是硅芯片的几百倍，如果用来制造计算机的 CPU，无疑能大大提高计算机的运行速度。

③ 石墨烯的导电性好，电阻小，所以功耗低。现在的集成电路一般用铜作为导线，将来的导线有可能用石墨烯制造。

④ 石墨烯的导热性很好，所以用它制造的电子产品的散热性好，器件的性能稳定，使用寿命长。

⑤ 石墨烯电子产品的耐热性好。硅的电子迁移率会随温度升高而明显下降，从而影响产品的性能。但是美国马里兰大学的研究者发现，在 $50\sim500K$ 之间，石墨烯的电子迁移率一直都很稳定。所以用石墨烯制造的产品的耐热性比较好，能在较高温度下正常工作。前面提到的 2011 年 6 月 IBM 研制的石墨烯集成电路，虽然工作频率不算太高，但是它可以在 127℃ 的环境里正常工作。

⑥ 石墨烯电子产品的尺寸可以很小、重量很轻，所以有很好的便携性。未来的电脑甚至能像手表一样戴在手腕上。

五、石墨烯存储器

我们对存储器都不陌生，电脑的硬盘、U 盘、光盘、手机的闪存卡都属于存储器。

总的来说，目前，存储器使用的技术包括磁存储和光存储。磁存储产品包括磁盘，比如硬盘、U 盘，光存储产品主要是光盘。

1. 磁盘

电脑的硬盘就是磁盘，一般一个硬盘由几片磁盘构成。磁盘的表面镀了一层磁性材料微粒，磁盘的每个面都有一个读写磁头，可以利用它在磁盘上存储数据和读取数据。存储数据时，对磁头输入一定的电流，使磁头磁化，产生一定的磁场，这个磁场可以把下面的磁性微粒磁化。电流的方向不同，磁性微粒的极性方向也不同，分别代表二进制数字 0 和 1，这样就可以把数据存储在磁盘上。

读取数据时，磁头扫描磁盘的表面，极性不同的磁性微粒会使磁头具有不同的电阻，这种现象叫磁电阻效应，所以磁头会产生相应的电信号，分别代表磁盘表面的 0 和 1，这样就可以读取出磁盘上的数据了。

在 20 世纪 90 年代之前，磁盘的磁头一般是用锰铁磁体制造的，它的磁电阻效应不太明显，也就是当磁性微粒的磁性比较弱时，磁头的电阻变化很小，所以这种磁盘的存储密度就受到了限制。因为如果磁盘的存储密度提高，表示单个数据的磁性材料微粒的尺寸就要减小，这样它产生的磁信号就很弱了，磁头就不能读取。所以，磁盘的存储密度有一个极限值。

1988 年，法国科学家阿尔贝·费尔和德国科学家彼得·格林贝格尔分别发现了一种特殊的材料，当磁场即使发生很微弱的变化时，也可以使这些材料的电阻发生明显的变化，变化幅度是普通材料的十几倍，阿尔贝·费尔把这种现象叫做巨磁阻效应。

很快，人们就利用巨磁阻效应制造磁盘的读写磁头，这种磁头的灵敏度更高，可以感知很微弱的磁场变化。这样，磁盘的数据存储单元的磁性材料微粒的尺寸就可以大大减小，磁盘的存储密度能够大幅度提高，磁盘就可以实现高密度存储了，存储量大大提高，而且体积能实现小型化。1997 年，IBM 公司制造出全球第一个利用巨磁阻效应的磁盘读写磁头并投入市场，它引起了硬盘的"大容量、小型化"革命。目前，几乎所有的台式电脑、笔记本电脑、数码相机等使用的硬盘都是这种产品。

2007 年 10 月，巨磁阻效应的两位发现者——法国科学家阿尔贝·费尔和德国科学家彼得·格林贝格尔共同获得了诺贝尔物理学奖。瑞典皇家科学院评价他们的发现："得益于这项技术，硬盘在近年来迅速变得越来越小。"

2. 光盘

光盘利用光学技术存储和读取信息。电脑的光驱上有一个激光发生器，在光盘上存储信息时，也就是刻录光盘时，电脑先把相关的信息转化为二进制数据 0 和 1，并输入光驱中。往光盘上刻录 0 时，光驱的激光发生器会发出一束很细的激光束，照射光盘表面，把光盘表面的记录层烧蚀，产生一个很小的凹坑，这个凹坑就代表 0；往光盘上刻录 1 时，不会发出激光，光盘上对应的位置是空白的，没有凹坑，这就代表 1。刻录光盘时，光盘在光驱中快速地转动，激光发生器在电机的控制下发射激光，就把相关的信息刻录在光盘上。

读取光盘时，也就是观看光盘时，激光照射到光盘表面，记录层的空白位置会反射激光，光驱里的光线监测器可以收集到这些光线，所以电脑会识别出哪些位置是二进制的 1；而凹坑不会反射激光，光线监测器不能搜集到光线，电脑会识别出那些位置是二进制的 0。光盘在光驱中高速转动，激光头在电机的控制下扫描光盘，就可以读取出所有数据。然后，电脑把二进制代码转换为相应的程序，使用者就可以看到光盘的内容了。

DVD 光盘的凹坑比普通光盘小，凹坑的间距也短，只有普通光盘的

50％，层间距也小，所以存储密度更高。

3. 闪存卡

手机里存储信息使用的不是磁盘，也不是光盘，而是闪存卡。它是利用闪存（Flash Memory）技术存储信息的。另外，U盘也是利用闪存技术存储信息。

闪存的结构如图6-2所示。

从图中可以看出，闪存的存储结构由浮动栅（floating gate）、控制栅（control gate）和衬底组成。控制栅的作用是可以向浮动栅中注入电子。浮动栅的作用是可以贮存电子，当浮动栅中有电子时，表示二进制数字0；没有电子时，表示数字1。浮动栅的表面有一层二氧化硅绝缘体，它的作用是防止电子流失，从而能够保存数据。

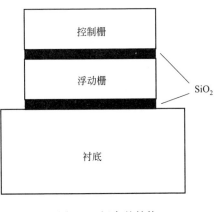

图 6-2　闪存的结构

向闪存中存储数据之前，需要先对它进行初始化，删除原来的数据，也就是把浮动栅中的电子移走。然后，对控制栅施加正电压，电子就可以穿过二氧化硅绝缘体，进入浮动栅。

从闪存中读取数据时，向栅电极施加一定的电压。浮动栅在不同的状态时，沟道中产生的电流不一样：有电子时，沟道中传导的电子会减少，产生的电流小，表示数字0；浮动栅里没有电子时，沟道中传导的电子比较多，电流大，表示数字1。

所以，闪存的优点是储存数据时，只需要移动电子就可以，而读取数据时，可以直接进行。

4. 石墨烯存储器

有的研究者用石墨烯制造高性能的存储器。比如，美国Rice大学的研究人员用石墨烯薄膜制造了一种存储器，它的存储密度是普通闪存的两倍，而且只有5~10个原子的厚度，体积小、重量轻。

有的研究者用石墨烯设计了一种光存储器，这种存储器由三部分组成：高折射率介质、低折射率介质、石墨烯薄膜。石墨烯薄膜位于高折射率介质和低折射率介质之间。这种存储器根据石墨烯对偏振光的吸收进行数据的存储和读取。光线照射到界面后，发生全反射，如果有的位置有石墨烯，它就会吸收一部分光线，这样反射光就会少于入射光。把没有石墨烯的位置表示为二进制数字 0，把有石墨烯的位置表示为 1，从而实现对数据的存储和读取。

研究者提出，如果使用多层石墨烯，设计成梯度结构，上层介质的折射率低于下层介质，就可以通过调节光线的入射角，在每层之间都形成全反射，这样就能实现对数据的多层存储，存储密度会大大提高。

石墨烯存储器具有多个优点。首先，它的存储密度高；其次，体积小、重量轻；另外，它是柔性的，透明度也高。有的研究者进行了测试：对石墨烯存储器进行 1000 次弯曲后，存储的数据仍可以读取出来。英国埃克塞特大学的研究人员用石墨烯和二氧化钛研制了一种柔性的闪存芯片，它的长度只有50nm，厚度是 8nm，特别轻薄，而且读写速度很快，只需要 5ns。研究者提出，这种芯片可以用于未来的柔性手机。因为柔性手机不仅需要屏幕是柔性的，而且内部的部件也要是柔性的。

六、石墨烯超级计算机

很多人听说过超级计算机，它的概念是 1929 年出现的，特点是功能强大，主要体现在两个方面：第一是运算速度快，第二是存储容量大。和普通计算机相比，超级计算机有更强的数据处理能力，处理速度快，而且处理量大，所以可以做很多普通计算机不能做的工作，在航空航天、核工业、军事、气象、密码破译等领域有重要的应用价值。

很典型的一个应用是在气象领域：人们可以利用超级计算机模拟空气的运动，准确地进行天气预报；或者模拟海水的运动，预测海洋的天气情况，包括海浪、风暴等。众所周知，空气和海水的运动情况十分复杂，需要处理的数据很多，如果使用普通的计算机，需要的时间很长，达不到及时、快速预报的功能。在 1999—2002 年期间，日本花费 400 亿日元（约合 25 亿元人民币）研制了一台超级计算机，叫地球模拟器，它在 1 秒的时间内进行的计算量，一个计算器需要 3000 万年才能完成！所以，它的功能十分强大，只需要 3 个小时的计算，就可以预测全球 5 天以内的天气情况，还可以预测温室效应、地壳运动、地震等。据报道，它曾经成功地预测了 2004 年夏天巴西海岸发生的热带风暴。有的机构甚至用它预测出一些灾难性的后果：2040 年以后，地球上将会经常出现 35℃ 以上的高温天气；包括旧金山在内的一些城市可能沉入海底……

1997 年 5 月 11 日，发生了一件轰动全球的事件。这一天，一台叫"深蓝"的计算机以 2 胜 3 平 1 负的成绩战胜了当时的国际象棋世界冠军——卡斯帕罗夫。"深蓝"是由美国的 IBM 公司开发的一台超级计算机，它有 32 个 CPU。有资料介绍，"深蓝"每秒能思考 2 亿步，而卡斯帕罗夫每秒只能思考 3 步。另外，"深蓝"可以往前看 12 步棋，而最优秀的人类选手只能看 10 步，虽然这两个数字看起来相差无几，但是会下棋的人都知道，它们会造成什么样的结果。

在生物医药领域，人们也利用超级计算机来研制新药，它可以在较短的时间内模拟药物引起的人体内复杂的生化反应，从而让人们了解药物的治疗效果和副作用，从而有效地缩短新药的研发周期。

目前，人们公认，超级计算机代表了一个国家的科技水平和综合国力，所以，一些世界先进国家投入大量人力、物力进行开发，展开了激烈的竞争。

前面提到，石墨烯可以用来制造多种电子元器件和集成电路，所以，人们认为，石墨烯是未来的超级计算机的理想材料。

第三节　石墨烯手机

近几年，柔性手机成为市场上一个新热点。它可以弯曲、可以折叠，所以体积更小、便携性更好，而且抗摔性好，不容易被破坏。这种手机无论外观还是使用体验，都远远不同于目前的手机，所以引起人们很大的兴趣。比如，它可以卷起来，戴在手腕上，甚至戴在手指上、夹在耳朵后面。

一、石墨烯柔性屏幕

要制造柔性手机，需要屏幕、机身和内部的部件都要是柔性的。目前，关于柔性屏幕的研究和报道最多。

由于石墨烯具有超薄的厚度，良好的柔韧性、透明度和导电性，所以人们普遍认为，它最适合制造柔性手机屏幕。

韩国在这方面的研究比较多，包括三星公司和 LG 公司等著名的企业都投入了很多力量。

目前研制的石墨烯柔性屏一般由多种材料组成。比如，其中一种产品是层状结构，包括一层 50 纳米厚的 DLC 涂层、一层 700 纳米厚的聚对二甲苯涂层、一层 200 纳米厚的石墨烯导电层、一层 200 微米厚的 PET 材料，整个触摸屏的厚度约 0.2 毫米。如图 6-3 所示。

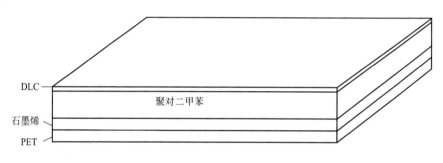

图 6-3　石墨烯柔性屏的结构

二、其它柔性部件

柔性手机的机身也需要是柔性的，用石墨烯可以很好地满足这个要求。一方面，石墨烯的柔韧性好，另外，它的强度高、硬度高、耐热性和耐腐蚀性也很优异，可以对手机起到很好的保护作用。

2017 年，韩国的三星公司研制了一种柔性处理器，叫"Exynos Yoga"，目的是用于柔性手机。

另外，三星公司研制了一种柔性电池，叫 YOGA 变形电池，可以弯曲。日本松下公司研制了一种柔性电池，测试发现，反复弯曲 1000 次后，它的蓄电量仍保持在 80％以上。柔性电池既可以用于柔性手机，也可以用于可穿戴电子设备，所以前景很好。另外，有的企业在研制柔性电路板，它像纸或塑料一样，可以随意地卷起来。

虽然这几种产品没有介绍使用的材料，但是石墨烯在它们中的应用前景无疑十分广阔。

第四节 其它

石墨烯也可以用于制造其它一些电子产品。

一、发光二极管

发光二极管简称为 LED，它和普通二极管一样，由一个 PN 结组成，给它施加正向电压后，空穴从 P 区向 N 区移动，电子从 N 区向 P 区移动，在 PN 结附近，空穴和电子发生复合，会辐射出可见光。常用的发光二极管是红色、绿色、黄色二极管。20 世纪 80～90 年代，日本科学家赤崎勇、天野浩和中村修二成功研制了蓝色发光二极管，这项成果被称为"爱迪生之后的第二次照明革命"，因为它使发光二极管获得了完整的红、绿、蓝三原色，从而能发出足够亮度的白色光。白光 LED 灯的发光效率远远高于普通的白炽灯，使 LED 获得了广泛的应用。2014 年，蓝光 LED 的三位发明人获得了诺贝尔物理学奖，颁奖词称他们的获奖原因为"发明了高亮度蓝色发光二极管，带来了节能明亮的白色光源"。

目前，LED 应用广泛，包括照明光源、仪器仪表的指示灯、交通信号灯、汽车车灯、显示屏、灯饰等。

韩国首尔国立大学的研究者用石墨烯研制了一种发光二极管。他们先在石墨烯的表面制备了一些密集排列的 ZnO 纳米棒，然后在 ZnO 纳米棒的上面制备了一层 GaN 薄膜。GaN 有优异的发光性，而石墨烯有很好的电学性质和力学性能，所以这种发光二极管具有多方面的优异性能。如图 6-4 所示。

早期的发光二极管是用无机材料制造的，后来，人们也用有机材料制造发光二极管，这就是有机发光二极管。有机发光二极管（OLED）是一种新型的显示器，和其它显示器相比，OLED 有多个优点：

① 分辨率高，所以画面更清晰。

② 发光效率高，画面显得更明亮。

③ 发光响应速度快，是液晶显示器的 1000 倍左右。

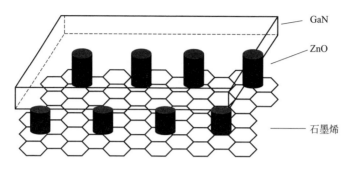

图 6-4　石墨烯发光二极管

④ 视角宽。

⑤ 功耗低。

⑥ 重量轻、厚度薄。

⑦ 工作温度范围宽，在 $-40 \sim 80$ ℃ 之间都可以正常工作。

所以，目前有机发光二极管的应用很广泛，手机屏幕、电视屏幕、电脑显示器、数码相机屏幕以及商场、车站、机场等公共场所的显示屏等很多产品都是用它制造的。

OLED 主要是由衬底、阳极、空穴传输层、发光层、电子传输层、阴极组成，如图 6-5 所示。

其中，发光层和电子传输层是用有机材料制造的，所以叫有机发光二极管。它的发光原理是电致发光，具体是这样的：通电后，在电场的作用下，阳极会产生空穴，阴极产生电子；空穴和电子在电场的作用下发生移动，分别进入空穴传输层和电子传输层，聚集在发光层的界面上；当空穴和电子达到一定的数量时，两者会发生复合，在复合过程中，产生激子，激子会激发发光层中的有机物分子，有机物分子最外层的电子发生跃迁，在跃迁过程中发出可见光。

| 阴极 |
| 发光和电子传输层 |
| 空穴传输层 |
| 阳极 |
| 衬底 |

图 6-5　OLED 的构造

OLED 的阳极一般用一种叫 ITO 的导电玻璃制造，研究者提出，如果用石墨烯来代替 ITO，发光效果会提高 2 倍。北京大学的研究者研制了石墨烯有机发光二极管，发光效果令人满意。

近年来，人们也开始研制柔性的有机发光二极管。比如，2013 年，韩国三星公司就发布了全球第一款使用柔性 OLED 显示屏的曲面屏手机 Galaxy Round。

人们认为，石墨烯也适合制造柔性 OLED，其中一种方案是：OLED 的基底用柔韧性好的树脂制造，然后把石墨烯沉积在树脂上。

二、石墨烯纳米发电机

韩国的研究者用石墨烯制造了一个纳米发电机。他们先在一块镀了镍薄膜的硅片上制备一层石墨烯薄膜，然后把薄膜转移到一块聚合物材料上，用它制作了一个电极；然后，在石墨烯的表面生长一层密集排列的 ZnO 纳米棒；最后，在 ZnO 纳米棒的上面又覆盖了一层石墨烯薄膜，它相当于另一个电极。研究者利用这个结构，制备了一个简单的纳米发电机原型，如图 6-6 所示。

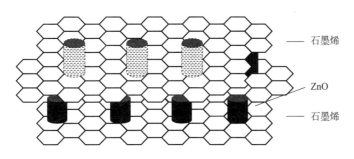

图 6-6　石墨烯纳米发电机

这个发电机的体积很小，而且是柔性的，可以卷曲。研究者测试了它卷曲前后的性能，发现在卷曲后，发电效果仍很好，输出的电流仍比较强。

三、纳米变压器

在一些精密的电子设备里，需要使用纳米变压器。这种变压器由很多金属薄层组成，要求这些薄层互相是绝缘的，但是互相间的距离不能超过几个原子的间距。

这种结构原理上很简单，但是很难制造，原因就是薄层的距离不容易控制。

英国曼彻斯特大学的研究人员解决了这个问题：他们用石墨烯薄膜作为金

属薄片，用氮化硼薄膜作为石墨烯薄膜的绝缘材料，氮化硼薄膜的厚度只有 4 个原子厚，然后把它们逐层堆积起来，制造了一种新材料，它的结构就像一块多层糕，可以作为纳米变压器。如图 6-7 所示。

石墨烯的发现者海姆评价这项成果说："这一研究证明了以原子的精度一层层地搭建平面，能制造出有多种功能的复杂设备，创造出自然界中没有的新材料，这条路的前景比石墨烯本身更令人兴奋。"

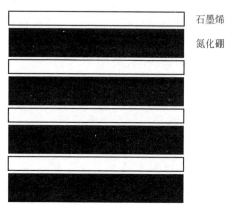

石墨烯

氮化硼

图 6-7　石墨烯纳米变压器

四、石墨烯激光器

2009 年，日本东北大学的研究者在硅衬底上制作了一层石墨烯薄膜，然后用红外线照射，发现石墨烯能发射太赫兹频率的电磁波，这是一种红外线。

研究者说，将来通过进一步改进和完善，提高石墨烯发射的红外线的强度，就有可能制造出新型的石墨烯太赫兹激光器。

第七章

大显身手

——石墨烯在能源领域里的应用

石墨烯具有优异的电学性质，所以在电力和能源领域具有广阔的应用前景。

第一节　石墨烯电线和电缆

大家知道，现在使用的电线和电缆是用铜或铝制造的，它们都有电阻，所以在工作过程中，电线或电缆会发热，这种热量会造成对电能的浪费。据统计，在输电过程中，损耗的电能高达 15％，我国每年的电力损失达 1000 多亿度（1 度为 1 千瓦时）。现在，家庭使用的电价是每度约 0.5 元，按这个价格计算，损失达 500 多亿元。

另外，在一些用电设备中，电线或电缆产生的热量还可能损坏相关的零部件和设备，甚至会引发火灾，导致严重的生产和人身伤亡事故。

所以，如果能减小电线和电缆的电阻，就可以避免上述情况的发生。石墨烯在这方面有很好的应用前景：它的电阻比铜和铝都小，所以如果用它制造电线和电缆，就可以节省大量电能，而且防止发生安全事故。

第二节　石墨烯超导体

一、石墨烯超导电线和电缆

如果用石墨烯超导体制造电线和电缆，就可以完全消除热效应，所以产生的经济效益和社会效益更高。

二、石墨烯超导发电机

也可以用石墨烯超导体制造发电机。具体包括两种。

一种是把普通发电机的铜绕组换成石墨烯超导体绕组。石墨烯超导体绕组没有电阻，导电性更好，产生的电流密度和磁场强度都更大，所以这种发电机的发电量更大，效率更高，而且能实现发电机的小型化、轻量化。

另一种是超导磁流体发电机。磁流体发电也叫等离子体发电，它是用煤、天然气、石油等燃料加热工作介质，比如钾盐或钠盐，让它们发生电离，产生电子、离子，这些电子和离子以及没有电离的物质一起形成等离子体；然后用装置把等离子体高速喷入磁场中，等离子体在磁场中高速流动，带正、负电荷的粒子在磁场作用下发生偏转，分别向两个电极运动；最后，正、负电荷就聚积在两个电极的极板上，从而产生电压，这样就可以发电了，如图 7-1 所示。

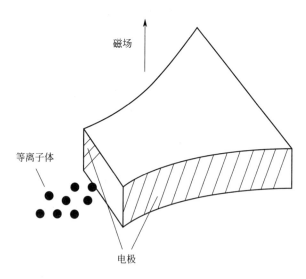

图 7-1　磁流体发电

磁流体发电机的发电效率比传统发电机高，发电量大。但在这种发电机里，磁体在发电过程中会产生比较大的损耗，因为要产生足够的磁场强度，就需要足够大的电流，而磁体的电阻会产生热效应，浪费电能。磁体在工作过程中，也会损耗一定的能量，包括磁滞损耗和涡流损耗。磁滞损耗是磁体由于磁滞现象浪费的能量，因为磁体在工作过程中，产生磁性和退磁时都会浪费一部分能量。另外，磁体的磁场会产生感应电流，叫涡流，这也会损耗一部分能量，叫涡流损耗。

研究者提出，可以用石墨烯超导体制造磁体，可以避免这些损耗。因为石墨烯超导体产生磁场强度只需要比较弱的电流，一方面不会产生电阻热，另一方面还可以有效地降低损耗，而且石墨烯超导磁体还能实现发电机的轻量化和小型化。

三、石墨烯超导计算机

前面提到过，集成电路的集成度提高后，计算机的性能会提高。但是随着集成度的提高，元器件和导线的排列会非常紧密，这样，它们在工作时产生的热量就不容易散出，时间长了后，元器件的温度升高，性能会下降，严重的还会损坏元器件，缩短它们的使用寿命。

如果用石墨烯超导材料制造集成电路的元器件和导线，就可以解决这个问题，因为它们的电阻为零，在工作过程中不会发热。

四、《阿凡达》中的悬浮山——迈斯纳效应

在电影《阿凡达》中，有个情节相信大家都记得：在潘多拉星球上，很多山是悬浮在空中的。可能有人觉得那是虚构的，没有什么意义。但实际上，它是有科学依据的：这就是超导体的迈斯纳效应。

一提到超导体，人们都会想到它的零电阻效应，除了它之外，超导体还有一种奇异的性质，叫迈斯纳效应，也叫完全抗磁性。

1933 年，德国物理学家迈斯纳把一块超导体放进一个磁场里，他发现磁场的磁力线不会穿过超导体，而是会绕过它，也就是超导体内部的磁场是零。

另外，如果在高温下把一块超导体放到一个磁场里，这时候，由于温度高于超导体的临界温度，所以超导体并没有超导性质，可以发现，磁力线会穿过它；然后降低温度，当低于超导体的临界温度时，它内部的磁力线会被"排斥"出去，内部的磁场变为零。

这两个实验都证明了超导体的一个性质：超导体会排斥磁力线。如图 7-2 所示。

后来，人们把超导体的这种性质叫做迈斯纳效应或完全抗磁性。同时，人

们也研究了这种性质的原因，发现在磁场里，超
导体的表面会产生电流，电流会感应出一个磁场，
这个磁场的方向和超导体本来应该具有的磁场方
向相反，强度相等，所以二者互相抵消了，最后
使超导体内部没有磁场。

所以，《阿凡达》里的悬浮山能飘在空中，是
因为它们是超导体，具有迈斯纳效应。

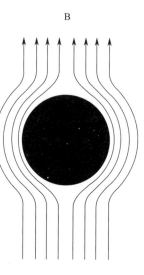

图 7-2　迈斯纳效应

五、迈斯纳效应的应用

由于超导体具有迈斯纳效应，这就相当于它
和磁体间会产生一种斥力，而且磁场越强，斥力
越大。

目前，人们利用迈斯纳效应开发了很多新技
术和新产品。

1. 培养青少年对科技的兴趣

在一些学校或科技馆里，人们经常利用迈斯纳效应，做一些有趣的实验项
目，培养青少年对科学技术的兴趣。比如，在一个锡盘里放一块小磁铁，然后
往盘子里倒一些温度很低的液氮，让锡盘的温度降到临界温度以下，锡盘就变
成了超导体，这时就出现了一个奇怪的现象：盘子里的小磁铁飘到了空中，好
像腾云驾雾一样！如图 7-3 所示。

图 7-3　迈斯纳效应实验

2. 超导磁悬浮列车

对磁悬浮列车，很多人都比较熟悉，即使没有亲身坐过，但是也经常听说。

按照原理，磁悬浮列车分为两种类型，一种叫常导型，一种叫超导型。德国的磁悬浮列车一般是常导型的，它是利用磁体的相互吸引作用制造的。这种机车的车体底部安装了电磁铁，电磁铁通电后，会和 T 形导轨互相吸引，使车体悬浮起来。同时，通过控制电流的大小，使电磁铁和导轨不会吸引到一起，而是保持一个适当的间隙，使电磁铁也保持悬浮状态，如图 7-4 所示。

日本制造的磁悬浮列车一般是超导型的，它是利用超导体的迈斯纳效

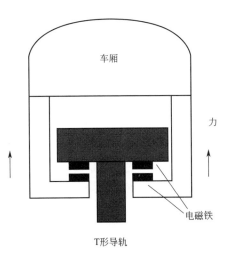

图 7-4　常导型磁悬浮列车原理

应制造的：车体上安装了超导磁体，超导磁体会在导轨上产生感应磁场，感应磁场的磁力线不能穿过超导磁体，于是导轨和超导磁体之间产生斥力，超导磁体和车体就会悬浮在导轨上方，如图 7-5 所示。

超导型磁悬浮列车的车速比较快，最高可达 500 公里每小时以上，而常导型磁悬浮列车的速度一般不到 500 公里每小时。

3. 其它磁悬浮交通工具

有的研究者在开发其它类型的磁悬浮交通工具，比如磁悬浮汽车。研究者提出，这种汽车的轮胎是磁悬浮轮胎，可以让汽车悬浮在地面上行驶。

另外还有磁悬浮自行车、磁悬浮船只等。

4. 磁悬浮鞋——可以让人"腾云驾雾"

《西游记》里的很多人都会一种法术：驾云。孙悟空的第一位师父菩提祖师告诉他：驾云的速度特别快，可以做到"朝游北海暮苍梧"。也就是早晨从北海出发，经过东海、西海、南海，晚上就能到达南方一个叫苍梧的地方，即

一天之内就游遍五湖四海。

另外，《水浒传》里有一个好汉叫"神行太保"戴宗，他有一种神奇的工具，叫甲马。如果有紧急事情，急着赶路，就在两条腿上绑两个甲马，一天能走 500 里，如果绑四个甲马，一天就能走 800 里！别人也可以用这种甲马，走得特别快，比如，戴宗就让李逵用过，李逵戴上后，走得飞快，看到路边有卖酒肉的店铺，本来想停下来买一些，但两条腿根本不听他使唤，完全停不下来。

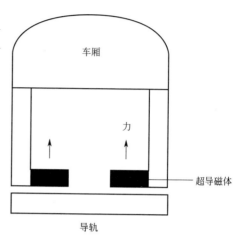

图 7-5　超导型磁悬浮列车原理

将来有一天，研究者可能会用石墨烯超导体制造一种磁悬浮鞋，这样，我们也就能实现"腾云驾雾"的梦想了，即使不会驾云，可能也能当上"神行太保"。

5. 磁悬浮滑板

有的公司研制了一种磁悬浮滑板，它用磁铁制造，导轨是超导体，孩子站在滑板上，爸爸和妈妈拉着他，也有点驾云的感觉。

6. 磁悬浮机械

有的研究者提出，在机械制造中也可以利用超导体的迈斯纳效应，让一部分零件悬浮起来，提高设备的运转效率，而且能节省能源，另外还能消除摩擦，可以延长设备的使用寿命。比如，可以制造一种磁悬浮轴承，这种轴承悬浮在基体上方，不会和基体发生摩擦，所以，轴承的转动效率高，转速能达到 10 万转每分钟以上，而且轴承和基体都不会发生磨损。

有人提出设计一种磁悬浮输送设备，在被输送的产品表面安装一些磁体，输送带的表面安装超导体，这样，产品会悬浮在输送带的上方，从而能提高输送效率，降低能耗。如图 7-6 所示。

7. 磁悬浮建筑

很多人应该都听说过"空中花园"，它被称为"世界七大奇迹"之一。

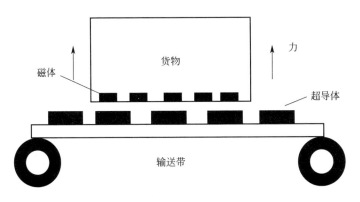

图 7-6 磁悬浮输送

关于它，有一个美丽的传说。公元前 6 世纪，古巴比伦王国的一位国王娶了一位王后，这个王后特别漂亮，国王特别喜欢她。可是国王发现，这位王后整天愁容满面、茶饭不思。国王很奇怪，问她为什么。王后说："我的家乡到处鲜花盛开、草木茂盛，但是这里却光秃秃的。如果我能天天看到我的家乡就好了。"国王明白了——原来王后得了思乡病。于是，他命令民工在巴比伦城建造了一座花园，这座花园和一般的花园不一样：它并不是直接在地上种花，而是建造了一座四层的高台，在台顶上修建了一座美丽的花园。从远处看，花园好像在空中一样，十分壮观，所以人们把它叫做空中花园。

所以，"空中花园"并不是真的悬浮在空中的。

有人提出，利用超导体的迈斯纳效应，可以建造真正的"空中花园"和其它的空中建筑。

这种奇特的建筑实际上是"磁悬浮建筑"或者"反重力建筑"，它们具有多个优点。比如，它们不需要占用地面，而是修建在空中。另外，这些建筑可以方便地移动，就像"房车"一样。对一些公共设施，比如花园、体育场等，可以避免闲置，提高它们的利用率，减少浪费。将来可能会出现这样的场景：很多公共设施会让更多地区的人使用，比如体育场，今天被一个学校使用，第二天，它会移动到另一个学校被使用……

8. 核反应的容器——"磁封闭体"

发生核聚变反应时，会产生高温等离子体，它们的温度能达到 1 亿～2 亿摄氏度，所以，需要对它们进行控制，不能让它们随意运动，防止破坏其它的物体。但是由于它们的温度特别高，所以很难找到合适的容器容纳它们。

有的研究者提出，可以利用超导体解决这个问题。超导体可以产生很强的磁场，这个磁场可以作为一个虚拟的容器，把这些高温等离子体包裹起来，需要它们的时候，降低磁场的强度，让它们慢慢地释放出来；不需要时，再提高磁场的强度，重新把它们包裹起来。

所以，这种"磁封闭体"是一种容器，但是这种容器和普通容器比如瓶子、桶并不一样，它不是实实在在的材料，眼睛看不到，但是它确实存在，而且效果比看得到的容器更好。看到这里，我们是不是想到孙悟空的做法：让师父、师弟坐在地上，然后用金箍棒绕着他们画了一个圈，就可以把妖魔鬼怪挡在外面。

9. 超导核磁共振

近年来，核磁共振在医疗中的应用越来越广泛，很多医院里都买了核磁共振仪。它的原理是核磁共振（Nuclear Magnetic Resonance，简称NMR）现象。这种设备的外观看起来是一个很大的圆筒，这个圆筒其实是一个磁体，能产生磁场，磁场产生的能量进入人体，和人体细胞里的原子核发生相互作用，从而一部分能量会被人体吸收。人体内的不同位置的化学组成和微观结构不一样，吸收的能量也不一样，核磁共振仪可以检测出身体不同位置吸收的能量，电脑经过分析和处理，就可以绘制出身体内部结构的图像。如图 7-7 所示。

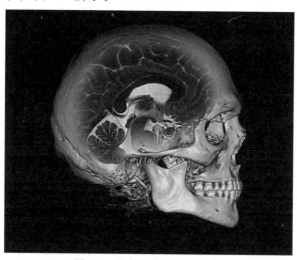

图 7-7　脑部的核磁共振图像

核磁共振综合利用物理、化学原理成像，图像的分辨率高，比 CT 图像更清晰，能准确定位，而且，它对人体没有辐射，所以诊断效果很好。

传统的核磁共振仪使用的磁体是普通磁体，近年来，人们研制了超导核磁共振仪，它的磁体是超导磁体，也就是用超导材料制造的。它能产生更强的磁场，图像的清晰度和对比度更高；抗干扰能力也强，能有效地减少噪声信号，提高信噪比；而且扫描速度快，耗能也少。

石墨烯超导体在上面提到的各种应用中都有巨大的应用价值。

第三节　石墨烯锂离子电池

2019 年 10 月 9 日，瑞典皇家科学院宣布，将 2019 年诺贝尔化学奖授予三位科学家——美国的约翰·古迪纳夫、斯坦利·惠廷厄姆和日本科学家吉野彰，表彰他们在锂离子电池研究方面的贡献。

评选委员会介绍说，锂离子电池能量强大、轻巧而且可以充电，现在已经广泛应用于手机、笔记本电脑、电动汽车等产品，而且还能储存太阳能和风能，从而能使人类社会进入无化石燃料社会。

相信很多人对锂离子电池都不陌生，自己的手机、电脑或相机里都使用它。

一、什么是锂离子电池

锂离子电池和普通的干电池、蓄电池都不一样，这种电池依靠内部的锂离子在阴、阳极之间运动产生电流，包括充电和放电。

现在我们使用的锂离子电池经历了几十年的发展过程。在 20 世纪 70 年代初，斯坦利·惠廷厄姆首先发明了一种锂电池，这种电池依靠金属锂工作。80年代，约翰·古迪纳夫发现了多种优异的电极材料，包括现在使用的钴酸锂、锰尖晶石、聚电解质等，它们可以大大提高锂电池的性能。但是锂电池有一个很大的缺点，就是安全性比较低，容易发生燃烧、爆炸等事故。1985 年，日本科学家吉野彰发明了锂离子电池，它的内部没有金属锂，只有锂离子，所以叫锂离子电池，电极材料仍使用古迪纳夫发现的那些材料。锂离子电池的安全性大大提高了，更有利于推广应用，自 1991 年推向市场后，获得了广泛应用。和很多别的科学家相似，吉野彰在诺贝尔奖发布会的电话连线中说："好奇心是驱使我开展研究的动力。"

二、工作原理

锂离子电池由正极、负极、隔膜、电解液组成，正极和负极浸在电解液中，如图 7-8 所示。

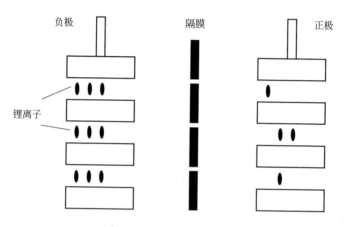

图 7-8　锂离子电池的结构

正极材料经常用含锂的化合物，如钴酸锂（$Li_x CoO_2$），负极一般是焦炭或石墨，锂离子可以嵌入它们的内部，成为一种新材料，叫 $Li_x C_6$。锂离子电池在使用时，是一个放电过程。在这个过程中，负极的 $Li_x C_6$ 发生分解，产生锂离子和电子，锂离子进入电解液里，通过隔膜向正极移动，电子经过外电路向正极移动，形成电流，最后和正极上的锂离子结合，生成 $LiCoO_2$。正极和负极发生的化学反应式分别如下。

负极：$Li_x C_6 = 6C + x Li^+ + x e$

正极：$Li_{1-x} CoO_2 + x Li^+ + x e = LiCoO_2$

在充电时，锂离子电池的正极材料发生分解，产生锂离子和电子，锂离子进入电解液里，通过隔膜到达负极；电子从外电路（充电器）到达负极，和锂离子结合，镶嵌在负极里。两个电极发生的反应式如下。

正极：$LiCoO_2 = Li_{1-x} CoO_2 + x Li^+ + x e$（电子）

负极：$6C + xLi^+ + xe === Li_xC_6$

三、锂离子电池的优点

和其它类型的电池相比，锂离子电池具有一些明显的优点。

1. 能量密度高

能量密度指单位体积或单位质量的电池具有的能量。一般用比能量表示，包括体积比能量和质量比能量。锂离子电池的比能量比其它多种电池都高，这样，就可以实现电池的小型化、轻量化，容易应用在便携式产品里。

2. 可以反复充电和放电

锂离子电池可以反复充放电，所以可以长期使用，避免浪费。

3. 安全性好

锂离子电池里没有金属锂，所以安全性比较好，尤其是和以前的锂电池相比，这是一个很大的进步。

4. 环境友好

锂离子电池里没有有毒、有害的物质，对人和环境的影响很小。

由于锂离子电池的综合性能突出，所以获得了广泛应用。一方面，消费电子产品如手机、笔记本电脑、数码相机、摄像机等使用它；另一方面，在工业领域中应用也日益广泛，比如电动自行车、电动汽车、航天器等也使用锂离子电池。据统计，2019 年，全球锂离子电池的产能将达到 53000 吨，我国锂离子电池的产量达到 29.7 亿块，市场规模将近 400 亿元人民币，所以，前景十分广阔。

四、目前锂离子电池的问题

锂离子电池虽然有很多优点，但是也要承认，它在一些方面也存在缺点和问题。

1. 比容量不够高

容量指电池储存电量的多少，比容量分为体积比容量和质量比容量。体积比容量是单位体积的电池储存的电量，质量比容量是单位质量的电池储存的电量。

电池的容量和能量不是一回事：能量＝容量×电压。所以，电池的比容量和前面提到的比能量也不是一回事。

锂离子电池的比容量比镍氢电池等低。因为锂离子电池的电压高，所以它的比能量比较高。

比容量低使得锂离子电池的使用时间比较短，我们很多人都有体会。手机一两天就要充一次电，电动汽车充一次电只能跑五百公里左右，这也是目前制约电动车普及的一个重要因素。

所以，锂离子电池还有很大的发展潜力，它本身的电压高，如果能进一步提高比容量，那它的比能量就会进一步提高。这是一个重要的研究方向。

2. 循环性能较差

目前的锂离子电池的循环性能比较差。随着充电次数的增加，储存的能量不断下降，感觉越来越不禁用，所以充电频率越来越高。这使得电池的使用寿命比较短。

3. 充电速度慢

目前的锂离子电池的充电速度比较慢，需要的充电时间比较长。这点也需要加以改进。

4. 安全性

虽然和锂电池相比，锂离子电池的安全性有很大提高，但是，和其它种类的电池相比，它的安全性仍比较差，我们经常会听到这方面的一些事故。这是为什么呢？使用锂离子电池需要注意什么问题呢？总的来说，主要涉及下面几个方面。

① 前面提到，锂离子电池的电解液里有一个隔膜，它的作用是避免正、负极发生短路，所以，它的结构很特殊：锂离子可以通过它，但是电子不能通过。如果隔膜发生破坏，正、负极就会发生短路，很容易引起电池燃烧甚至爆炸。另外，短路时的电流很大，能达到 700A，而人体只能承受 0.045A 的电流，所以还可能造成人身伤害。

隔膜发生破坏的原因很多，比如，有的产品本身质量较差，容易发生破坏。但更多的是使用不当造成的，比如距离火源太近、被阳光长时间照射或放在暖气片上。因为高温会使隔膜发生分解，也会使电解液或电极发生分解，或发生化学反应，产生大量热和气体等物质，这些都会造成电池的燃烧或爆炸。

手机被摔、砸、碰撞、挤压、穿刺时，也会使隔膜或电极等部件发生破坏，引起安全事故。

② 过充。在充电过程中，一部分电能会转化成热能，使手机发热，这个我们都有体会。如果过充时间比较长，产生的热量过多，就会发生前面说的情况：隔膜分解、破坏，电解液、电极分解或发生化学反应，引起电池燃烧或爆炸。

③ 劣质充电器。很多人的原装充电器坏了后，使用一些便宜的劣质充电器，这些充电器质量比较差，在充电过程中会产生较多的热量，甚至发生短路等事故，从而破坏电池。

五、石墨烯在锂离子电池里的应用

石墨烯具有很大的比表面积、很高的电子迁移率，所以在锂离子电池里有很好的应用前景，可以克服锂离子电池的一些缺点。

锂离子电池的性能主要取决于电极材料，包括正极和负极，石墨烯可以提高它们的性能。

（一）石墨烯在负极里的应用

石墨烯在锂离子电池负极里的应用，主要包括三个方面：

1. 作为导电添加剂

石墨烯可以作为导电添加剂加入负极，可以提高负极的导电性。

2. 石墨烯单独作为负极材料

石墨烯单独作为负极材料，具有下面的优点：

① 能提高电池的比容量。这是因为石墨烯的比表面积很大，可以容纳更多的锂离子。研究表明，石墨烯负极的质量比容量可达 $700 \sim 2000 \text{mA} \cdot \text{h/g}$。

② 能提高锂离子电池的充、放电速率。2012 年，美国伦斯勒理工学院的研究人员发现，电池的电解液更容易润湿石墨烯负极，这样可以加速锂离子的嵌入和脱嵌过程。这种石墨烯负极材料比目前使用的石墨负极的充、放电速度快 10 倍，将来可以应用在电动车里。

　　另外，如果用多层石墨烯做负极材料，由于它们的层间距比石墨的层间距大，锂离子的嵌入和脱嵌的速度也更快，所以充电速度和放电速度都快。

　　③ 如果在石墨烯里掺杂一些杂质原子，比如 N、B 原子，它们会提高电解液对负极的润湿性，锂离子的嵌入和脱嵌速度会提高，所以会提高充、放电速率。

　　④ 石墨烯内部的孔洞能提高电池的能量利用效率。2015 年，日本的研究者用多孔石墨烯制作了锂离子电池的负极材料，研究表明，如果电动车使用这种电池，行驶距离可以从 200 公里提高到 500～600 公里。

　　3. 石墨烯和其它材料形成复合材料，制作锂离子电池的负极

　　石墨烯单独作为负极材料存在一些缺点，比如：石墨烯片容易堆积，这样就会减小它们的表面积，对锂离子的存储能力会下降，比容量和比能量都会下降；在反复充、放电过程中，电池里的电解质会依附在石墨烯表面，形成一层薄膜，减小石墨烯的表面积；另外，如果石墨烯表面有含氧官能团，它们会和锂离子发生反应，降低锂离子的数量，这也会使电池的比容量和比能量降低。

　　为了解决这些问题，人们把石墨烯和其它材料制造成复合材料，比如 SnO_2、Fe_2O_3、TiO_2、Co_3O_4、MnO_2 等。

　　（1）石墨烯/过渡金属氧化物复合材料

　　石墨烯和过渡金属氧化物制造成复合材料，过渡金属氧化物颗粒可以阻止石墨烯发生团聚，使石墨烯保持较大的比表面积，从而具有很高的储锂能力。

　　另一方面，过渡金属氧化物有较大的比表面积，储锂容量比石墨烯还大，循环性能好。只是它们的导电性较差，锂离子在嵌入和脱嵌过程中会引起体积

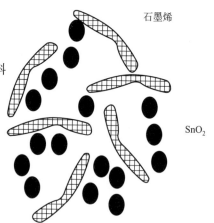

图 7-9　石墨烯-SnO_2 复合材料

变化，导致性能下降。石墨烯可以改善它们的导电性，而且由于石墨烯的韧性好，可以使它们的体积保持稳定，提高电池的循环寿命；石墨烯也能阻止它们发生团聚，使它们保持较大的比表面积。

　　图 7-9 是研究者研制的石墨烯-SnO_2 复合材料示意图。

（2）石墨烯/纳米硅复合材料

用石墨烯/纳米硅复合材料做电池的负极，电池的比容量高，循环性能好。韩国三星公司的研究者在硅表面覆盖石墨烯涂层，用它做负极后，电池的使用寿命提高了 2 倍以上。

（二）石墨烯在正极里的应用

石墨烯在正极里的应用，主要是作为导电添加剂加入到正极材料中，提高电极的导电性。

目前锂离子电池使用的正极材料包括钴酸锂、尖晶石型的 $LiMn_2O_4$ 和橄榄石型的 $LiFePO_4$ 等，这些材料的导电性比较差，锂离子在它们内部的迁移率比较慢。加入石墨烯后，锂离子的储存能力提高了，比容量提高了，而且锂离子的扩散距离缩短，电子的传导率提高，电池的充、放电速度和循环寿命都可以提高。

近几年，用石墨烯对锂离子电池进行改性的研究很活跃，这方面的报道很多。比如，2014 年底，西班牙一个公司宣布，他们开发了一种石墨烯锂离子电池，它的电容量是当时产品的 3 倍，如果电动车使用这种电池，可以行驶1000 公里，而且这种电池的充电时间还不到 8 分钟！韩国科学家宣布发明了最新的石墨烯超级电池，充电时间只需要 16 秒！

第四节　石墨烯太阳能电池

很多人对太阳能电池都不陌生：以前，从人造卫星的图片上看到的它的两个"翅膀"就是太阳能电池。现在，很多计算器也使用太阳能电池，有的手机充电器、路灯也使用太阳能电池。

一、太阳能电池的原理

太阳能电池的作用是把光能转化成电能，也就是利用太阳光发电。它有多种类型，常见的有两类：单晶硅太阳能电池和薄膜太阳能电池。

1. 单晶硅太阳能电池

现在使用的太阳能电池多数是单晶硅太阳能电池，比如路灯，它利用了硅的光电效应：在硅中掺入不同的杂质，可以分别做成 N 型和 P 型半导体材料。

N 型半导体是在硅里掺入五价元素形成的，比如 P、As、Sb 等，这种半导体里有多余的电子。

P 型半导体是在硅里掺入三价元素形成的，比如 B、Al、Ga、In 等，在 P 型半导体里，有的键缺少价电子，所以有多余的空穴。

把一块 N 型半导体和一块 P 型半导体连在一起，形成一个 PN 结。当光线照射到 PN 结时，在光线的能量作用下，会产生新的电子-空穴对，这些新的电子叫光生电子，新的空穴叫光生空穴。在 PN 结内部电场的作用下，光生电子会向 N 区运动并聚集起来，光生空穴会向 P 区运动并聚集起来。这样，PN 结的两端就形成一个新电场，叫光生电场，其中，P 区带正电，N 区带负电，两者之间有一定的电压。这种现象叫光生伏特效应。如果用导线把两端连接起来，就形成了一个回路，会产生电流，这就是太阳能电池发电的原理。如图 7-10 所示。

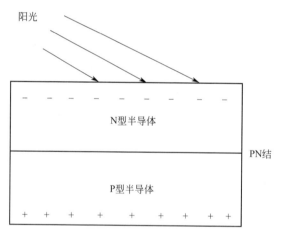

图 7-10　单晶硅太阳能电池的原理

早在 1839 年，法国物理学家 A. E. Becquerel 就发现了光生伏特效应。1883 年，Charles Fritts 制备了第一块太阳能电池，它是在半导体硒的表面覆盖了一层金箔构成的。1954 年，美国贝尔实验室的研究者发现，在单晶硅中掺入一定量的杂质元素后，对光线的照射会很敏感，从而制造出第一个单晶硅太阳能电池。1958 年，美国发射的第一颗人造卫星就使用了这种电池。后来，单晶硅太阳能电池进入民用领域，应用十分广泛。

单晶硅太阳能电池的优点是光电转换效率高，技术也最成熟，所以目前在实际应用中占据主导地位。但单晶硅的价格比较高，所以电池的成本也高。另外，单晶硅板比较脆，容易发生破坏，而且体积大、很沉重。

2. 薄膜太阳能电池

为了降低电池的成本，进一步提高光电转换效率，人们开发了薄膜太阳能电池。这种电池有多种类型，比如多晶硅薄膜太阳能电池、非晶硅薄膜太阳能电池、碲化镉薄膜太阳能电池、铜铟硒薄膜电池等。

多晶硅薄膜太阳能电池和非晶硅薄膜太阳能电池不使用单晶硅，所以成本比单晶硅太阳能电池低得多。非晶硅薄膜太阳能电池是在玻璃衬底上沉积一层透明导电薄膜如 TCO，然后再沉积 P 型硅薄膜、非晶硅薄膜和 N 型硅薄膜。其中，非晶硅薄膜里含有氢元素，它相当于对硅进行了掺杂，所以非晶硅薄膜相当于一个 PN 结。另外还包括铝电极等组成部分。这种电池的结构如图 7-11 所示。

非晶硅薄膜太阳能电池的厚度很薄，一般不到 1 微米，所以体积小、重量轻，而且成本大大降低，也容易进行大规模生产或制备大面积产品。

碲化镉薄膜太阳能电池是在玻璃或塑料等基底上沉积 TCO 薄膜、CdS 薄膜、CdTe 薄膜等多层薄膜制成的，核心材料是碲化镉薄膜。在这些材料中，CdTe 是 P 型半导体，CdS 是 N 型半导体，它们形成电池的 PN 结，受到光线照射时产生电荷。TCO 薄膜是透明电极，起到透光和传导电流的作用。玻璃衬底起透光作用和保护作用。

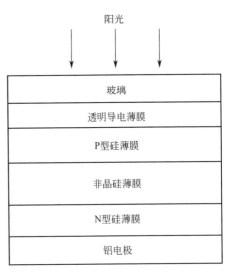

图 7-11　非晶硅薄膜太阳能电池的结构

碲化镉薄膜太阳能电池的光吸收率高，光电转换效率高，而且性能稳定，结构简单，容易实现大规模生产。最大的缺点是镉是有毒元素，对人体有害。

总的来说，薄膜太阳能电池的价格比较低、厚度薄、重量轻、制造工艺简单，还可以制备成柔性产品。目前最大的缺点是光电转换效率不如传统的单晶硅电池，薄膜也容易发生破坏。

3. 染料敏化太阳能电池

染料敏化太阳能电池是近年来人们研制的一种新型的薄膜电池，它是通过光化学反应进行发电的。它主要由纳米多孔 TiO_2 薄膜、光敏染料、玻璃基体、透明导电薄膜、电解液组成。这种电池的原理是：

① 当光线照射到光敏染料后，染料分子会产生自由电子和空穴。

② 自由电子会被 TiO_2 吸收，通过透明导电薄膜进入外电路。

③ 电子从外电路到达另一个电极，进入电解液里。

④ 电解液里的电子回到染料里。

目前，这种电池的转换效率不是特别高，但是它有几个优点：

① 原材料充足，价格便宜，所以成本比较低。

② 结构简单，容易制造，生产成本低，而且容易进行大规模生产。

③ 对光线很敏感，在光线较弱时也可以发电。

④ 原材料中没有有毒、有害元素，对人体没有危害，属于环境友好型产品，不会污染环境。

⑤ 性能稳定，使用寿命长。

二、太阳能电池的优点

太阳能电池具有几个明显的优点。

① 它利用太阳光作为能源发电，太阳光是一种自然能源，取之不尽、用之不竭，可以持续利用，属于可再生能源，而且成本很低。

② 多数太阳能电池是环保型产品，在发电过程中，不产生有毒有害物质，对环境没有污染。

所以，太阳能电池的应用范围越来越广泛，尤其适合应用在边远地区。比如山区、沙漠、海岛等地，这些地区距离发电厂比较远，如果从外地的发电厂供电，需要修建大量的输电线路等基础设施，造价很高，而且有的地方无法修建这些设施。太阳能电池可以直接利用当地的太阳光发电，所以可以有效地解决这个问题。

三、目前的问题和发展趋势

太阳能电池目前存在的问题和发展趋势包括：

① 进一步提高光电转换效率，充分利用太阳光的能量，尽量避免浪费。

② 进一步提高吸光率，增大电池的功率。

③ 提高光敏性能，争取在弱光环境里也能发电。目前多数太阳能电池必须被阳光照射才能发电，在晚上和阴天不能发电。所以这也是一个重要的发展方向。

2013 年 12 月 15 日，我国第一辆月球车"玉兔号"由"嫦娥三号"探测器送上月球。它使用太阳能作为自身的能源，保证各种仪器和设备的正常工作，因此，它安装了两个太阳能电池阵。但是，这两个电池阵只能在白天工作。月球的一天相当于地球的 28 天，白天和晚上各有 14 天时间。所以，"玉兔号"在晚上时会进入休眠模式，不能工作，白天到来后被唤醒，再重新工作。

当然，它晚上需要休眠有多方面的原因，比如避免设备在低温下发生损坏，但是太阳能电池不能在夜间工作也是一个重要原因。如果能够突破这个不足，让太阳能电池对夜间的光线也很敏感，能用来发电，那自然就能提高"玉兔号"的工作效率，不至于损失那么多的夜晚时间。

④ 目前，用太阳能电池发电的成本仍比较高，建设相关的设备也需要较多的投资，这也是制约它的广泛应用的一个很重要的原因。

四、石墨烯在太阳能电池里的应用前景

从前面介绍的各种太阳能电池的结构可以发现，透明电极（也就是导电薄膜 TCO）是太阳能电池的一个重要部件，它起着透光和导电两方面的作用。

透明电极对太阳能电池的影响很大，包括吸光率、导电性、生产成本等，所以对相关的材料要求很高，包括透光率、导电性、力学性能、热稳定性、化学稳定性等。

目前使用比较多的透明电极材料是 ITO，它是铟锡氧化物的简称，人们经常把它叫做导电玻璃。

人们认为，由于石墨烯具有的独特性能，将来可以取代 ITO 作为太阳能

电池的透明电极。下面详细地说明原因。

1. 石墨烯的透光率更高

太阳能电池的一个发展趋势是提高电池的光利用率，这就需要提高对光线的吸收率，尽量多地吸收阳光。透明电极的一个作用是让阳光透过，照射在里面的光敏材料上。所以，要提高电池的光利用率，就需要提高透明电极的透光率。透光率越高，就会有越多的光线照射到光敏材料上，这样才会产生更多的自由电子和空穴；如果透光率低，就会有相当多的光线被阻挡，造成浪费。

ITO 透明电极对可见光的透光率一般是 80%～90%，而单层石墨烯对可见光的透光率是 97.7%，比 ITO 高。多层石墨烯的透光率会下降，但 4 层石墨烯的透光率仍在 90% 以上。

另外，和 ITO 相比，石墨烯还有一个优势：透光范围更宽。除了对可见光的透光率高之外，石墨烯对红外波段的光线的透光率也很高。而且，红外波段的光线在太阳光的能量中占有很高的比例，所以，如果用石墨烯做太阳能电池的透明电极，就可以更充分地利用太阳能。而 ITO 的透光范围比较窄，对红外波段的光线透光率较低。

2. 导电性

透明电极的第二个作用是导电，所以要求它的电阻尽量低，导电性好，这样，电池的光电转换效率就高。

石墨烯内部的载流子迁移率高，电阻小，具有很好的导电性，所以可以提高太阳能电池的光电转换效率，避免能量的浪费。而 ITO 透明电极的电阻比石墨烯大，导电性较低。日本富士电机公司用石墨烯制造了太阳能电池的透明电极，发现 2 层石墨烯片的电导率比 ITO 高几倍，同时透光率在 90% 以上。

3. 力学性能

ITO 薄膜的力学性能比较差，脆性大，缺乏柔韧性，如果发生碰撞，很容易破裂，所以在制造、运输、使用过程中，都需要注意。而石墨烯具有优异的力学性能，包括高强度和高韧性，可以弯曲，不容易发生破坏。

4. 耐热性

ITO 薄膜的耐热性较差，在 150℃ 以下，性能比较稳定，但温度如果高于 150℃，它的电性能和力学性能都会恶化：导电性下降，也容易发生开裂。这是因为 ITO 薄膜里有很多细小的晶粒，随着温度升高，这些晶粒会碎裂，晶界增多，在导电过程中，晶界会阻碍电子的运动，造成电阻增大，导电性下降。

据报道，"玉兔号"月球车的太阳能电池帆板可以调整角度，因为在月球上，白天的温度比较高，能达到 150℃，如果被阳光直射的时间太长，电池帆板容易发生损坏，通过调整角度，可以防止被阳光直射。而且在中午时，"玉兔号"还要进行"午休"，这也是为了防止温度过高损坏它的零部件。资料里没有介绍它的太阳能电池的透明电极是不是 ITO，但是这至少说明，它的耐热性仍需要进一步提高。

石墨烯的耐热性比较好：在空气中加热到 400℃时，导电性和力学性能仍基本不发生变化。

5. 化学稳定性

ITO 薄膜的化学稳定性较低，容易吸收空气中的水分和二氧化碳，和它们发生化学反应，人们把这种现象叫做霉变。发生霉变后，ITO 的性质会恶化，透光性和导电性都会下降。另外，ITO 薄膜会和一些盐类物质发生化学反应，这也会使它的透光性和导电性下降。而石墨烯的化学稳定性很好，能抵抗强酸、强碱的腐蚀。

6. 成本

ITO 的化学成分是氧化铟锡，其中，氧化铟的透光性好，氧化锡的导电性好。

但是，铟是一种稀有金属，在地球上的储量很少，目前全世界的储量只有 5 万吨，其中只有一半可以开采。而且现在还没有发现独立的铟矿，只能从其它金属矿中提纯得到，工艺很复杂。这些因素都造成铟的价格很昂贵。

而石墨烯的原材料丰富，潜在产量很大，随着大规模制备技术的发展，价格会进一步降低，成本优势会越来越大。

五、石墨烯在太阳能电池中的应用

研究人员进行了多项研究，以制造性能优异的石墨烯太阳能电池。比如，有的研究者在硅表面沉积了一层石墨烯薄膜，直接取代 ITO，有效提升了电池的光电转换效率。

2012 年，美国佛罗里达大学的研究人员在石墨烯里掺杂了一种叫三氟甲磺酰基-酰胺（TFSA）的有机物，然后镀在硅片的表面，制造了太阳能电池。它的光电转换效率比没有掺杂该有机物的石墨烯太阳能电池大大提高了。

有的研究者把石墨烯和 TiO_2 纳米粉末混合在一起，制造新型的染料敏化太阳能电池。在这种电池里，石墨烯会起到三方面作用：一、它使电子在 TiO_2 里的传输速度加快了；二、石墨烯能减少电子和空穴的复合，所以提高了电子的浓度；三、石墨烯能使 TiO_2 对光敏染料的吸附能力提高。所以，这种电池的光电转换效率有效地提高了。

有的研究者提出，可以利用石墨烯开发多功能薄膜太阳能电池，它的特点包括：重量轻、厚度薄、透明、柔软。所以，这种电池可以方便地安装在很多物体表面，比如建筑物的墙壁、窗户、汽车车身、手机外壳等，为它们提供电力。这种电池好像给它们的表面刷了一层透明的涂料或贴了一层很薄的塑料。也有人提出，可以把这种电池安装在布料表面，制造会发电的衣服。美国麻省理工学院和南加州大学的研究人员都研制了这种产品，可以安装在玻璃、塑料、纸张等材料的表面。

有的研究者提出，利用石墨烯研制"全天候太阳能电池"。目前的太阳能电池一般只能在晴天使用，也就是必须要有充足的阳光，在阴雨天和夜间就不能使用了。所以它们受天气情况的影响很大，性能不稳定。

美国麻省理工学院和哈佛大学的研究者发现，石墨烯在室温和弱光的照射下，会产生一种叫"热载流子效应"的现象，内部的电子运动速度加快，从而产生电流。

由于这种热载流子效应，所以可以用石墨烯制造全天候太阳能电池，能够在弱光环境里发电，包括阴雨天和夜间。

我国的研究者开发了一种专门在雨天发电的电池，这种电池的表面有一层石墨烯薄膜，下雨时，雨滴落到石墨烯的表面上，石墨烯内部的自由电子会吸引雨滴里的正离子，比如钠离子、钙离子等，这种现象叫路易斯酸碱相互作用，平时，人们经常用这种方法去除污水中的重金属，如铅离子、汞离子等。被吸附的正离子和电子会形成一个双层结构，好像一个电容器一样，储存了电能，从而形成一种特殊的电池，如图 7-12 所示。

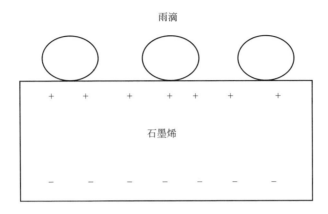

图 7-12　在雨天发电的电池

　　另外，有的研究者提出，用石墨烯制造太空太阳能发电站。以前，人们经常设想，在太空中建造太阳能发电站，为地球提供电力。在太空中建造电站的好处是可以更有效地接收太阳光，因为太阳光在穿过大气层的过程中，会受到空气分子的影响发生散射，从而产生损失。

　　太空太阳能发电站是由太阳能电池构成的。如果用单晶硅制造，成本会很高。而且，据估算，整个太阳能发电站的重量有 1000 吨左右，把它运送到太空会耗费大量的人力和物力。而且，宇宙中的各种射线产生的辐射会对电站造成损害。有人提出，用石墨烯制造太空太阳能发电站，可以很好地解决上述问题。它有如下的优点：成本低；重量轻，容易运输；强度高，化学稳定性高，不容易发生破坏。

第五节　石墨烯超级电容器

　　电容器是一种常用的电子元器件，在电路里经常使用。手机、电脑、电视等电子电路里都有电容器。

一、电容器的结构

　　我们都了解电容器，它由两块极板构成，极板中间是一层绝缘材料，叫电介质。如图 7-13 所示。

二、电容器的作用

1. 储存电能

电容器最典型的作用是储存
电能。在两个极板之间加上电压
时，两个极板会分别带上正、负
电荷，从而储存电能，在需要的
时候，电荷可以释放出来，为其
它装置提供电源。

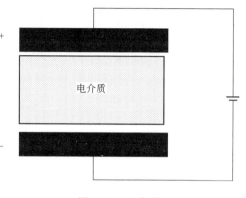

图 7-13　电容器

照相机的闪光灯能发出亮光
就是利用了电容器的储能作用。闪光灯的电源并不是电池，而是一个大容量的
电容。闪光灯要发出亮光，需要很高的电压和很大的电流，而且它发光的时间
很短，所以只需要瞬间的高电压和大电流就可以。普通的电池不能提供这种高
电压和大电流，所以，人们根据闪光灯的工作特点，使用电容器作为它的电
源。闪光灯使用的电容器的容量很大，可以储存 300V 的电压，而且释放电荷
的速度很快，可以在很短的时间里把电荷都释放出来，从而能在瞬间产生高电
压和大电流，激发闪光灯，让它发出强光。电容器放电结束后，充电电源会为
它充电，等待下一次继续为闪光灯提供电量。

所以，用电容器为闪光灯提供电能，既能满足它的工作要求，又不会浪费
电能。普通的电池做不到这点，它们的放电速度比较慢，不会在瞬间提供足够
的电压和电流。

2. 滤波作用

电容器还具有滤波作用。交流电经过二极管整流后变为脉动直流电，这种
直流电里混杂着大量的交流成分，所以电流不稳定。电容可以滤除这些交流成
分。把电容并联到脉动直流电路上，当电路的电压高于电容的电压时，电容就
会充电；当电路的电压低于电容的电压时，电容会放电。这样，电路上的直流
电就会很稳定、平滑了，可以供负载使用。

所以，人们把电容比喻为一个水库，可以调节下游的水量。当上游的水量

大时，它就储存一些水，不让它们都流向下游；当上游的水量少时，它就向下游释放一些水。这样，下游一直会有稳定的水量。

手机和笔记本电脑的充电器也利用了电容的滤波作用，把插座的220V交流电转换成了稳定的直流电，如果没有电容，电流会发生比较大的波动，从而会损坏手机和电脑。

3. 通交流隔直流作用

电容器接通直流电源时，在刚接通的很短时间内，电源会对电容器充电，电路里存在充电电流。电容器充电结束后，它的电压和电源电压相等，电流不再通过电容器，就相当于电容器把直流电隔断了。

电容器接通交流电源时，由于交流电的大小和方向会发生周期性变化，所以电容器会反复在两个方向进行充电和放电，电路中就会反复出现充放电电流，这相当于交流电能够通过电容器。

我们使用的耳机里也安装着电容，它能隔断电流中的直流电，如果没有电容，耳机会发热、被烧坏，同时，电容也能保证声音的大小和品质。

4. 调谐作用

调谐指调节一个振荡电路的频率，使它和另一个正在发生振荡的振荡电路或电磁波发生谐振。电视、收音机能接收节目信号就是利用调谐作用进行的，它们都安装了调谐电路，这是电视机和收音机最关键的部分。调谐电路的效果不好，电视机和收音机的信号就不好，甚至没有信号。

振荡电路的频率和电容、电感有关，所以，调谐有两种方法：改变线圈的电感或改变电容器的电容。常见的方法是改变电容。

三、超级电容器

对电容器来说，在多数情况下，人们希望它的储电量尽量大一些。近年来，人们开发了一种新型电容器，叫超级电容器，它的储电量就很大，而且还有其它的优点。

超级电容器有几种类型：双电层电容器、准（赝）电容器和混合型超级电容器。其中最常见的是双电层电容器，这种电容器的两个极板间填充的是电解液，而不是绝缘物质，中间还有一个隔板，有绝缘作用，隔板上有很多微孔。

当在两个极板上施加电压时，和普通电容器一样，超级电容器的极板表面会分别聚集正电荷和负电荷，这些电荷形成了一个电场。在这个电场的作用下，电解液里的正、负离子会迅速向两个电荷层运动，聚集到它们的表面，形成两个新的电荷层，人们叫做双电层。如图 7-14 所示。

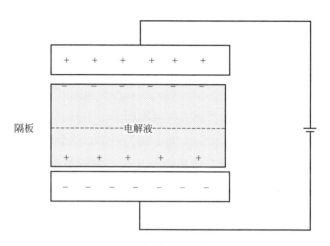

图 7-14　双电层电容器的示意图

这种电容器有如下的特点：

1. 储电量大

传统的电容器利用静电吸附作用吸附正、负电荷储存电能，双电层超级电容器既吸附了正、负电荷，而且还吸附了电解液中的正、负离子，所以电荷数量大大增多了。另外，在双电层超级电容器里，两个电荷层间的距离更小，这进一步提高了它的电容量。

所以，双电层超级电容器的储电量或电容量比普通电容器大得多，比容量是普通电容器的几千倍，也就是在相同重量的情况下，一个超级电容器的储电量相当于几千个普通电容器！

2. 充、放电速度快

超级电容器在充、放电时不发生化学反应，所以速度非常快，需要的时间很短。有的超级电容器只需要几分钟甚至几秒就可以充满电。如果将来手机的充电速度能这么快，那就方便多了。

3. 功率密度高

超级电容器的放电速度很快，可以在短时间内释放出储存的能量，所以具有很高的功率。如果按照单位质量具有的功率即功率密度来衡量，超级电容器的功率密度是锂离子电池的几倍到几十倍。

4. 循环寿命长

我们都有这样的感觉：手机使用一段时间后，电池的性能会下降，充完电后使用的时间越来越短，也就是充电频率越来越高。这是因为锂离子电池在反复充放电后，性能不断降低，电容量越来越小。产生这种情况的原因是，锂离子电池的充放电过程需要通过化学反应进行，随着化学反应的不断重复，反应会越来越不完全，所以电容量就不断减小。

超级电容器的充放电不需要进行化学反应，所以不存在这个问题，因而，它的循环寿命很长，超过 50 万次，是锂离子电池的几百倍。在反复充放电后，电容量也不会下降。即使按照每天充放电 10 次估算，超级电容器也可以使用137 年！

5. 工作温度范围宽

锂离子电池不能在低温下工作，因为在低温时，化学反应速度很慢。

而超级电容器的工作温度范围很宽，在 $-40 \sim 80 ℃$ 间都可以正常工作，因为在低温时，电荷和离子的吸附和脱附速度变化很小。

6. 安全性好

前面讲过，锂离子电池的安全性是一个需要注意的问题。超级电容器的安全性比较好，对过充有较强的承受能力，不容易出现燃烧和爆炸等问题。

7. 环境友好

超级电容器里一般不含有毒有害的物质，对人体无害，也不会对环境造成污染。

8. 成本较低

虽然超级电容器的价格一般比相同电量的锂离子电池高 10 倍左右，但是由于它的循环寿命长得多，所以成本相对是很低的。

所以，从上述特点可以看出，超级电容器同时具有普通电容器和电池的特点，是一种新型的储能装置。

四、超级电容器的应用

由于超级电容器具有突出的优点，所以应用前景很好，应用范围很广泛，包括能源、消费电子、交通、军事等多个领域。目前，它已成为很多国家科研和生产的重要发展方向。

1. 汽车电源

超级电容器具有很高的功率密度，所以可以作为新能源汽车的辅助电源。因为车辆在启动、加速和爬坡时，需要较高的功率，锂离子电池的功率密度比较低，不容易满足这些要求，超级电容器可以很好地解决这个问题，而且车辆越重，超级电容器的作用越突出，因为重量越大，启动、加速和爬坡需要的功率越高。

超级电容器和锂离子电池的这个区别类似于 100 米短跑运动员和马拉松长跑运动员：短跑运动员需要爆发力强，能在很短时间内释放自己的能量；而长跑运动员需要耐力好，要在长时间里慢慢释放自己的能量。

超级电容器一方面能满足汽车在启动、爬坡和加速时对高功率的要求，另外，它和电池、内燃机等联用，可以减轻它们的负担，从而能延长它们的使用寿命，也能减小它们的体积和重量。另外，超级电容器还能够回收一部分能量，从而起到节省能量、降低污染的作用。

2010 年，在上海世博会期间，组委会使用了 61 辆电容公交车，在 172 天中运送旅客 4000 多万人次，取得了很好的效果。

2. 军事领域

超级电容器最早的应用领域是军事。大家可以想到，装甲车、坦克、舰艇等设备的启动、加速、制动、爬坡需要的功率更大，尤其在低温条件下，比如冬天和高寒地区。超级电容器可以很好地满足它们的需求。

另外，激光武器、舰用电磁炮等也使用了超级电容器。

3. 新能源领域

太阳能、风能等可再生能源受外界环境的影响比较大，比如在阴雨天和夜间，太阳能装置不能正常工作，不刮风时，风能装置也不能正常工作，所以，这些能源具有波动性和间歇性。为了让它们提供稳定、可靠的能源，人们使用了超级电容器。在太阳能和风能装置正常工作期间，超级电容器可以储备一定的能量，太阳能和风能装置停止工作后，超级电容器把能量释放出来，供应给用户，从而保证了用户的用电安全。

由于超级电容器的作用和应用前景，近年来，它在世界各国都取得了迅速的发展，美国、日本和欧洲都把超级电容器列入相关的研究计划。在我国的《国家中长期科学和技术发展纲要（2006—2020 年）》里，"超级电容器关键材料的研究和制备技术"也被列入其中。美国的 Maxwell，日本的本田、松下、NEC、日立等公司已经开发出成品投入市场。2014 年，超级电容器的全球市场规模是 11 亿美元，2018 年达到了 32 亿美元，年复合增长率高达 30%左右。

有人预测，随着技术进步，超级电容器会不断侵占锂离子电池的市场，数年后，超级电容器的销量就会超过锂离子电池，到 2024 年，超级电容器的市场规模将达到 65 亿美元。

五、面临的问题

和充电电池相比，超级电容器最大的缺点是能量密度低，只有 10W·h/kg 左右，而铅酸电池是 40W·h/kg 左右，镍氢电池是 80W·h/kg 左右，锂离子电池是 150W·h/kg 左右。所以，超级电容器储存的能量比较少，不能长时间使用。

所以，目前在很多场合，超级电容器只能作为配角存在。比如，在汽车里，不能只安装超级电容器，因为那样能量很快就会用完，汽车需要频繁充电。超级电容器需要和锂电池、燃料电池、内燃机等组成混合动力。目前，只有公共汽车可以单独使用超级电容器作为电源，因为可以在它的线路上安装比较多的充电桩。

人们也在设法提高超级电容器的能量密度。在第六届国际电池工业展览会上，上海一个公司展示了一款新型超级电容器，它的能量密度比普通的超级电容器提高了 50%以上，用在公共汽车上，可以行驶 20 公里，减少了充电次数。当然，它的能量密度和锂离子电池等产品相比仍存在较大的差距。

六、石墨烯在超级电容器里的应用

要进一步提高超级电容器的性能，其中一个重要途径是选择合适的电极材料。对双电层超级电容器来说，要求电极材料具有几个特点：比表面积大、导电性好、结构稳定、成本低。

在目前的双电层超级电容器里，电极材料主要使用活性炭、活性碳纤维等。和它们相比，石墨烯具有更突出的性质，如比表面积、导电性，所以很适合作为超级电容器的电极材料。

但同时，人们也发现石墨烯存在几个问题：

① 在用石墨烯制造电极的过程中，石墨烯容易发生聚集、堆叠，这样，它的比表面积就会下降，导电性也会降低。

② 石墨烯的理论比容量不高。

③ 石墨烯具有疏水性，所以电解质不容易浸润它，这样用石墨烯制造的电极就不容易吸附电解质中的离子。

针对这些问题，人们研究了一些解决办法。

1. 插层法

为了阻止石墨烯发生聚集，有的研究者提出，可以在它们的表面负载一些很细小的微粒，比如铂微粒，如图 7-15 所示。

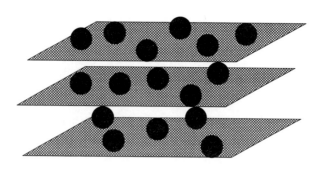

图 7-15　插层法

2. 用表面活性剂修饰石墨烯的表面

表面活性剂分子通过物理或化学作用，分散在石墨烯的表面，可以起到隔离作用，阻止石墨烯发生聚集。而且，表面活性剂分子带有的极性官能团可以使石墨烯表面具有亲水性，从而能使电解质浸润石墨烯电极。如图 7-16 所示。

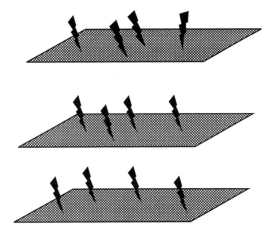

图 7-16　表面活性剂修饰石墨烯

3. 保持氧化石墨烯的含氧基团

氧化石墨烯是制备石墨烯的过程中的中间产物，相当于石墨烯的表面有很多含氧基团，比如羟基、羧基等。这些含氧基团也能够阻止石墨烯发生聚集，而且能提高石墨烯的亲水性，使电解质更容易浸润和渗透。如图 7-17 所示。

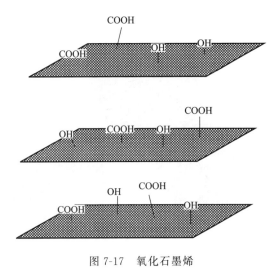

图 7-17　氧化石墨烯

4. 对石墨烯进行官能团修饰

有的研究者发现，用一些化学物质修饰石墨烯，可以提高它的比电容。比如，用苯并唑、苯并咪唑修饰后，石墨烯的比电容都有了明显的提高。

另外，在石墨烯里掺杂一些无机物，也可以有效地提高它的比电容，比如氮元素等。

5. 弯曲或卷曲石墨烯

通过改变石墨烯的形状，比如进行弯曲或卷曲，也能很好地阻止它们的聚集，从而提高它们的比表面积。研究者发现，这种措施有效地提高了石墨烯电极的比容量。如图 7-18 所示。

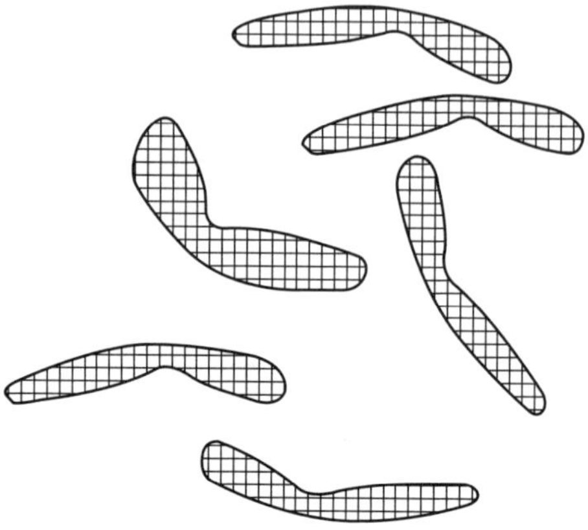

图 7-18 弯曲的石墨烯

6. 制造多孔石墨烯

有的研究者制造了多孔石墨烯，提高了它们的比表面积，同时也有利于电荷传输和电解液的渗透。

常见的一种方法是用 KOH 进行活化，石墨烯上可以产生很多微孔，如图 7-19 所示。

图 7-19 多孔石墨烯

测试发现，这种多孔石墨烯的能量密度提高很明显，和铅酸电池相当，而且充、放电速度都很快，可以应用于电动汽车和太阳能、风能等领域。

这种技术的关键是控制孔径的大小、数量、形状、分布等。

7. 制备石墨烯水凝胶

水凝胶是一种亲水的三维网络结构，可以在水里发生溶胀并吸收大量的水。水凝胶具有很大的比表面积，所以，有的研究者提出，把石墨烯制备成水凝胶，也可以有效地提高它的比表面积，如图 7-20 所示。

8. 制备复合电极材料

有的研究者提出，金属氧化物或导电高分子材料的比容量很高，所以可以和石墨烯制备成复合材料，弥补石墨烯比容量不高的缺点；另外，金属氧化物和导电高分子材料还可以防止石墨烯发生聚集，从而保障它的比表面积；第三，这种复合材料的内部有很多孔隙，它们可以作为电子和电解质离子的传输通道，有利于电解质离子的传输，所以能提高电极的导电性。比如图 7-9 所示的石墨烯-SnO_2复合材料。

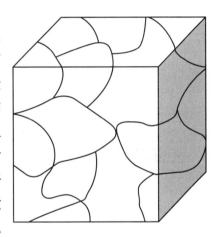

图 7-20　石墨烯水凝胶

有的研究者用碳纳米管和石墨烯制备了复合电极材料，好像是用意大利通心粉做成的三明治，如图 7-21 所示。

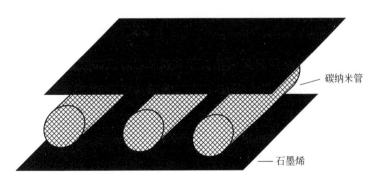

碳纳米管

石墨烯

图 7-21　石墨烯-碳纳米管复合电极材料

这种结构使得电子和离子的传输更加顺畅，所以具有更优异的性能，如比电容和导电性。

有的研究者用石墨烯、金属氧化物、碳纳米管制备了三元复合材料，进一步提高了电子和离子的扩散速度。

9. 石墨烯电极的结构设计

在传统的电极里，石墨烯的排列很混乱，或者是和电极板平行排列，如图7-22(a) 所示。这样，电子和离子的传输很困难，因为它们的运动通道是弯曲的，它们在运动过程中要绕过很多障碍，所以这会影响电极的导电性。

石墨烯优异的导电性具有方向性，也就是在平面上很突出。所以，有的研究者利用这点，设计了一种新型的石墨烯电极，结构如图7-22(b) 所示。

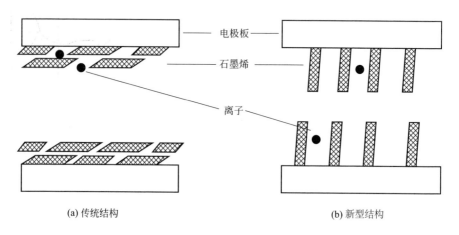

(a) 传统结构　　　　　　　　　　　　　　　(b) 新型结构

图 7-22　石墨烯电极的结构

在新结构里，石墨烯平面和集流体垂直，电子和离子可以顺畅地运动，所以电极的导电性会明显提高。

10. 新型电解质

为了进一步提高超级电容器的性能，研究者提出，可以采用离子液体做电解质，取代目前的电解液。因为电解液里有溶剂，有的溶剂的导电性不太好，还有的溶剂不能浸润电极，从而会减少双电层里电荷的数量，影响电容器的比容量。离子液体完全由阴、阳离子组成，可以全部形成双电层，所以能有效地提高电容器的比容量。

但是，离子液体的熔点有的比较高，尤其是无机盐，为了使超级电容器在室温下工作，需要寻找熔点接近室温的离子液体，一般是一些有机盐。

七、前景

超级电容器的前景十分诱人，普通消费者最感兴趣的有电动车、手机充电器等，如果用超级电容器为手机充电，可能只需要几秒，而且充一次就能使用好几天时间！

美国 Nanotek Instruments 公司研制的石墨烯超级电容器，能量密度已经达到了镍氢电池的水平，虽然距离锂离子电池仍有一定的差距，但是充、放电速度很快，充电只需要几分钟。

另外，有的研究者提出，可以利用石墨烯制造柔性超级电容器，用于可穿戴设备。2013 年 3 月，美国加州大学洛杉矶分校研制了一种微型的柔性石墨烯超级电容器，它的充电速度很快，几秒时间就可以为手机甚至汽车充完电。

美国中佛罗里达大学的研究者用石墨烯研制了一种可弯曲的超级电容器，这种电容器的电容量和功率密度都很高，而且充电次数可达 3 万次。

第八章

大显身手

——明察秋毫的石墨烯传感器

现在的智能手机有很多独特的功能，比如触控屏可以用手指进行多种操作，包括放大图片、缩小图片、移动图标等；看视频时，屏幕可以自动旋转；在不同的光线条件下，屏幕的亮度也可以自动调整。

手机的这些功能是怎么实现的呢？答案是传感器。手机里安装了很多个这种重要的电子器件。

第一节　电子感官——传感器

一、传感器是什么

传感器是一种电子器件，它像动物的感官一样，可以感受外界的很多信息，比如声音、颜色、光线、压力、温度、湿度、烟雾等，并能把这些信息转换为电信号，输送给控制电路，控制电路可以对外界的信息进行反应，比如发出报警信号。

所以，传感器的作用相当于动物的感觉器官，如眼、耳、鼻、舌、皮肤等，控制电路相当于动物的大脑，对感受到的信息做出反应。而且，现在很多传感器的性能比动物的感觉器官更优异，比如灵敏度更高、反应速度更快等，而且也更耐用，不容易发生损坏。

二、种类

传感器的种类很多，其中，按照它感应的信息，常见的有下面几种。

光敏传感器：它相当于动物的眼睛，可以感受光线。

声敏传感器：它相当于动物的耳朵，可以感受声音。

气敏传感器：它相当于动物的鼻子，可以感受气体分子。

化学传感器：它相当于动物的舌头，可以感受化学物质。

压力传感器：它相当于动物的皮肤，可以感受压力。

热敏传感器：它也相当于动物的皮肤，可以感受温度。

所以，人们也把传感器称为"电子器官"，比如"电子眼"就是其中的一种。这些"电子器官"让冷冰冰的机器也具有了视觉、听觉、触觉、味觉等功能，帮助人们获得多种有价值的信息。

三、传感器的组成

传感器一般由敏感元件、转换元件、变换电路和辅助电源等部分组成，如图 8-1 所示。

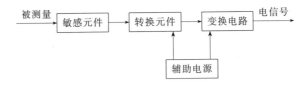

图 8-1　传感器的组成

敏感元件的作用是感受外界信息，它是传感器的核心部分，敏感元件在感受到外界信息后，会输出一定的信号；转换元件的作用是把敏感元件输出的信号转换为电信号；变换电路的作用是对转换元件输出的电信号进行放大、调制；辅助电源的作用是为传感器提供能量，保证各部分正常工作。

四、应用

传感器能够帮助人们获取大量信息，在工业生产、科学研究、军事等领域得到了广泛的应用。我们平时接触最多的就是手机，它里面安装了十几种传感器，除了前面提到的几种功能之外，摄像头、GPS 定位、导航、游戏、打电话等也都使用了传感器。所以有人说，手机的发展和传感器是密不可分的。

另外，其它很多领域也使用传感器，包括日常生活中，自动门、声控灯、烟雾报警器也都使用了传感器。

汽车里安装了 100 多种传感器，我们比较熟悉的车速、发动机转数、油量、胎压等数据都是用传感器测出来的。

在工业领域，如机械制造、石化、钢铁、航空航天、航海等也都使用了大量的传感器。

五、发展趋势

随着技术的不断发展，各个行业和传感器的结合会更加普遍、更加紧密，同时，也对传感器提出了更多、更高的要求，这也是传感器在未来的发展趋势。具体包括下面几个方面。

1. 灵敏度更高

现在的手机摄像功能越来越强，拍摄的照片越来越漂亮，但是很多照片和人眼看到的实际情况仍不太一样，另外，在夜里拍照片时，即使使用了闪光灯，但是照片的色彩仍和真实场景有很大的区别。为什么呢？就是因为摄像头里的光线传感器的灵敏度不够高，不能准确地感受和区分不同颜色、不同强度的光线。

资料里介绍，人眼可以在夜里看到 48 千米外的燃烧的蜡烛，耳朵可以听到 6 米外手表的滴答声，有的人甚至可以听到自己耳朵的血管里血液流动的声音！品酒师能辨别出成千上万种不同的味道。而且，不同的人的感觉的敏感度差别很大，前几年有一部很火的电视连续剧叫《手机》，其中有两个情节：费墨让学生穿了自己的衬衣，学生还给他后，他觉得没有什么异常，结果回家后，他老婆马上就闻出了那个学生的香水味；严守一和伍月见面后回到家里，他自己感觉不到什么，但他的侄女马上就闻出他的身上有伍月的香水味。

无疑，要想充分发挥作用，传感器需要具有足够的灵敏度。

2. 响应速度

虽然现在的手机的拍照功能越来越强，但是有一点，很多手机仍不能做到——连续拍照。如果能实现这个功能，相信会极大地提高人们的使用体验，不至于错过很多精彩时刻了。

要实现连续拍照，需要多方面的技术，其中一个方面是要求图像传感器的响应速度快，包括感应信息的速度、输出信号的速度、对信号的处理速度等。

3. 微型化

为了更好地和其它器件集成，要求传感器能实现微型化，体积小、薄，重量轻，这样能耗也低。

4. 低成本

目前的一些传感器里，经常使用一些稀有元素，这些元素的价格比较高，从而导致整个传感器的成本比较高。所以，传感器未来的一个发展趋势是减少稀有元素的使用，降低产品的成本。

六、石墨烯在传感器里的应用前景

石墨烯由于具有独特的二维结构和多种优异的性质，是一种很有潜力的传感器材料，它的特点如下。

1. 能提高传感器的灵敏度

因为石墨烯的比表面积大，能够充分和外界环境接触，所以能更充分地感受到外界的信息，即使当外界的信息比较微弱时，它也能感受到，所以，石墨烯能提高传感器的灵敏度。

2. 能提高传感器的分辨率和精度

石墨烯对外界的刺激很敏感，即使当刺激的变化很小时，它的导电性也会发生明显的变化，所以，这一点能提高传感器的分辨率。利用这个特点，可以研制精度很高的传感器，甚至可以测量单个分子的质量，这种传感器可以检测微量化学成分。

3. 响应速度快

在石墨烯的内部，电子的迁移率高，运动速度快，所以用石墨烯制造的传感器的响应速度快，能够实现快速检测、连续检测和实时检测。

4. 使用寿命长

石墨烯具有很高的强度、很好的耐热性和耐腐蚀性，所以性能很稳定，不容易发生变质和损坏，用它制造的传感器性能可靠，而且使用寿命长。

5. 能实现微型化

石墨烯由于具有高灵敏度，所以能实现传感器的微型化，体积小、重量轻，能方便地集成到其它装置中。

6. 成本低

石墨烯的原料很丰富，价格便宜，随着大规模制造技术的进步，将来成本会大大降低，所以传感器的价格也会随之下降。

第二节　石墨烯光电传感器

光电传感器能够探测环境中的光、电信号，它是光通信、成像等领域的核心器件，应用十分广泛。

一、光线传感器

手机里就安装着光线传感器（ambient light sensor），它可以感受周围的光线强度，然后通过控制器件自动调整屏幕的亮度。

汽车里也有光线传感器，它可以调整仪表盘的亮度，在晚上开车时，我们会发现仪表盘变亮了，就是这个原因。

有的电灯也使用了光线传感器，包括室内或室外的路灯。天黑后，光线变暗，光线传感器感受到这个信息后，把信息传送给控制电路，控制电路就打开开关，电灯就会变亮；天亮后，光线传感器感应到光线变强了，就把信息传送给控制电路，控制电路就关闭开关，电灯就会关闭。从而实现了电灯的智能化。

平时人们使用的太阳能电池板很多都是固定不动的，比如楼顶上的太阳能热水器电池板或太阳能路灯的电池板。这样，当太阳直射到它们的表面时，它们接收的光线会比较多，但当太阳斜射时，它们接收的光线会比较少。

　　为了充分吸收阳光，有人设计了一种智能太阳能电池板，它是活动的，可以自己转动，好像一棵向日葵一样，能一直面对太阳，让太阳始终直射，所以接收的光线就多。这种电池板的技术有多种，有的是设定时间和旋转速度，让它在不同的时间转到不同的位置。比如，在早晨 6 点时，让它面对正东方向，设定旋转速度为 15(°)/h，这样，在 9 点时，它就会旋转 45°，面向东南方向，在中午 12 点时，它会再旋转 45°，面向正南方向。

　　上述方法有一个缺点：即使在阴雨天时，电池板也会自动旋转。实际上它是不需要旋转的，所以，这种电池板就显得有点"傻"。

　　为了克服这个缺点，有人使用光线传感器设计了智能化程度更高的太阳能电池板，它完全依靠光线传感器感应到的光线强度进行旋转。这样，在阴雨天时它就不会旋转了。

二、红外线传感器

　　红外线传感器能够感应红外线。任何物体在绝对零度以上，都会向外部辐射红外线，而且温度越高，辐射的红外线强度越高。红外夜视镜里安装了红外线传感器，利用它探测物体发出的红外线。比如，在"月黑风高"的夜里，伸手不见五指，但人体的温度比周围的物体如建筑物高，所以人体发出的红外线的强度也高，红外线传感器分别接收到建筑物和人体发射的红外线，经过处理后，就可以调制出图像。

　　很多手机里都安装着一个距离传感器，也叫接近传感器，它能检测人脸和屏幕的距离。当人脸太靠近屏幕时，屏幕会自动关闭，从而能避免脸部接触手机造成误操作，而且也能节省电量。

　　这个距离传感器实际上就是一个红外线传感器，它的旁边有一个很小的红外线 LED 灯，可以向外发射红外线。当人脸距离手机屏幕比较远时，LED 灯发射的红外线基本不会被反射；但是当人脸距离手机屏幕很近时，LED 灯发射的红外线照射到人脸上，被反射回去，红外线传感器就会接收到被反射的红外线，然后把信息传送给控制器件，控制器件就会关闭屏幕灯，从而自动锁屏。

　　有的自动门也利用了红外线传感器。当有人来到门前时，红外线传感器感应到人体发出的红外线，把信息传给控制装置，控制装置通过驱动装置把门打开。

近年来，红外测温仪在医疗领域获得了广泛的应用，它使用方便，属于非接触式测量，可以避免发生交叉感染，而且速度快，结果准确。它的核心部件是一个红外线传感器，能够接收到被测试者发出的红外线，并把红外线转换为电信号。前面提到，被测试者的体温和红外线的强度成一定的关系，传感器把不同强度的红外线转换为对应的电信号，经过处理器的分析和计算，就能测出被测者的体温。

三、烟雾报警器

现在很多场合如房间、楼道里都安装了烟雾报警器，当这些场合的烟雾浓度超过一定的限度时，烟雾报警器就会报警，从而预防发生火灾。

如果看过电影《亲密敌人》，应该记得里面的一个情节：Derek 为了把艾米拖住，就故意点着了一张报纸，伸到自己房间里的烟雾报警器附近，结果，烟雾报警器报警了，害得正在洗澡的艾米只穿着浴衣跑到了外面，不能去参加预定的谈判；酒店保安花了很长时间才检查完毕；等艾米终于能回到自己的房间里时，她已经错过了谈判时间。Derek 利用这个恶作剧达到了自己的目的。

烟雾报警器的核心部件也是一个红外线传感器，人们也经常叫光电传感器。报警器里还安装着红外光发射二极管。房间里没有烟雾时，红外光发射二极管发出的红外光沿着直线传播，红外线传感器不能接收到红外光；当房间内有烟雾时，烟雾会进入报警器的内部，红外光发射二极管发出的红外光会照射到烟雾表面而发生散射，有的散射光会被红外线传感器接收，而且烟雾浓度越高，红外线传感器接收的红外光越多，当超过一定的限度时，它就把信息传给报警器进行报警。如图 8-2 所示。

也有的报警器的结构和上面的不一样。有的红外线传感器正对着红外线发射二极管，这样，没有烟雾时，传感器能接收到大量红外线；当有烟雾时，烟雾颗粒会使红外线发生散射，这样，传感器接收到的红外线就减少了，而且，烟雾的浓度越高，传感器接收的红外线越少，当少于一定限度时，报警器就开始报警。

还有一种烟雾报警器叫离子烟雾报警器，这种报警器不使用红外线传感器，而是使用离子传感器。报警器里面有一个电离室，电离室里有一种放射性

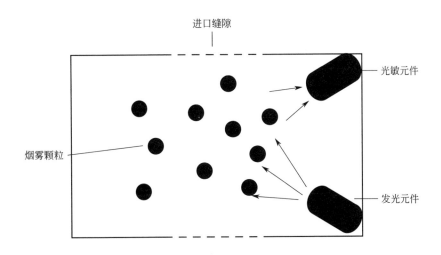

图 8-2 烟雾报警器示意图

元素叫镅，镅会电离，产生正、负离子，它们在电场的作用下，会分别向正、负电极运动。没有烟雾时，正、负离子的运动处于正常状态；有烟雾时，烟雾颗粒进入电离室，从而会影响正、负离子的运动，使电流发生变化，而且烟雾的浓度越高，电流变化越大，超过一定的限度时，报警器就开始报警。如图 8-3 所示。

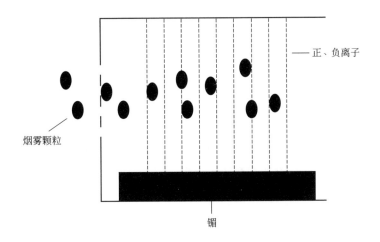

图 8-3 离子烟雾报警器示意图

四、PM2.5 浓度的检测

这几年，人们很关心空气质量，其中一个重要指标是 PM2.5 的浓度，每天手机上都会发送这方面的信息。那人们是怎么检测它的呢？

主要有下面几种方法。

第一种是重量法，就是在一定的条件下，用滤膜吸收环境中的 PM2.5 颗粒，然后用天平称出重量，减去滤膜本身的重量，就可以知道 PM2.5 颗粒的重量，经过换算，就可以得到它的浓度。

这种方法简单可行，结果可靠，但是比较麻烦，费时间。

第二种方法叫 β 射线吸收法。用滤膜吸收 PM2.5，然后用 β 射线照射，PM2.5 颗粒会使 β 射线发生散射，这样，穿透滤膜的 β 射线就发生了衰减，而且衰减程度和 PM2.5 的浓度成正比，经过换算，就可以知道 PM2.5 的浓度了。

第三种方法就是用红外线传感器。用红外线照射 PM2.5 颗粒，红外线会发生散射，而且散射光的强度和 PM2.5 的浓度成正比。用红外线传感器探测出散射光的强度，通过换算，就可以知道 PM2.5 的浓度了。

还有一种方法叫微量振荡天平法。这种方法使用一根玻璃管，它一端粗一端细。粗的一端固定，细的一端安装了滤芯。让空气从粗的一端进入玻璃管，从细的一端流出，PM2.5 就会留在滤芯上。然后把玻璃管放在一个电场里，在电场的作用下，细的一端会发生振荡，振荡频率和它的重量有一定的关系。在搜集 PM2.5 前后，细的一端的振荡频率不一样，根据振荡频率的变化可以计算出 PM2.5 的重量和浓度。

五、石墨烯光电传感器

研究者用石墨烯研制了多种类型的光电传感器，它们的灵敏度更高，而且探测速度更快，另外，由于石墨烯可以吸收从紫外到太赫兹范围的光线，所以用它制造的光电传感器的探测范围更宽。

1. 石墨烯光伏型光探测传感器

光伏型光探测传感器是利用光伏效应制造的光线传感器，研究者把电极材料沉积在石墨烯的表面，制造了石墨烯光伏型光探测传感器。

在这种传感器里，由于石墨烯的面积比较大，所以能增加对光线的接收面积，所以光电转化效率更高，传感器的灵敏度也能提高。

当然，石墨烯对光线的吸收率比较低，这是一个美中不足的地方。所以，研究者提出，可以使用多层石墨烯。

2. 石墨烯光热电型光探测传感器

有的半导体材料具有一种特殊的性质，叫热电效应，也叫塞贝克效应。如果把两种半导体材料制造的线的两端连接起来，当两个连接点的温度不同时，这两种半导体材料之间会产生电势差，如图 8-4 所示。

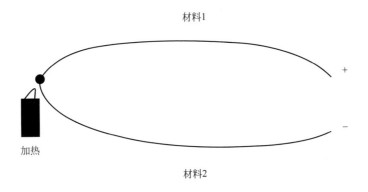

图 8-4　塞贝克效应

人们发现，石墨烯也会产生类似的效应。把一片单层石墨烯和一片双层石墨烯连接起来，当光线照射它们的连接点时，两片石墨烯的温度存在差别，它们之间会产生电势差和电流。

所以，人们利用这种现象研制了石墨烯光热电型光探测传感器，图 8-5 是它的结构示意图。

3. 石墨烯-半导体复合光探测传感器

石墨烯里的自由电子的浓度比较高，受到光线照射时，产生的新的自由电子的数量相对较少，这样，石墨烯的电性能的变化不太明显，所以会影响光探测的灵敏度。

为了进一步提高光探测传感器的灵敏度，研究者设计了石墨烯-半导体复合光探测传感器。因为一些半导体材料，如氧化锌、硫化镉、硫化铅等，可以

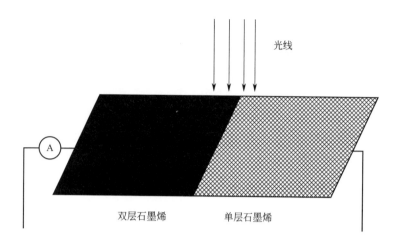

图 8-5　石墨烯光热电型光探测传感器示意图

产生较多的自由电子，从而能够弥补石墨烯的缺点。

他们在石墨烯表面生长了一些 CdS 纳米线，受到光线照射时，CdS 纳米线里会产生较多的载流子，包括空穴和自由电子，它们会向石墨烯扩散，从而增加了石墨烯里的载流子的浓度。这样，就提高了传感器的灵敏度，而且由于石墨烯里的自由电子的迁移率很高，所以使传感器的响应速度大大提高了。

另外，他们还研究了 CdS 纳米线的长度对传感器性能的影响，发现纳米线越长，对光的吸收越强，所以能提高传感器的灵敏度，但是却会降低传感器的响应速度。研究结果表明，纳米线的长度是 4 纳米时，传感器会同时具有比较高的灵敏度和比较快的响应速度。

4. 三维石墨烯场效应管光电传感器

研究者发现，石墨烯-半导体复合光探测传感器的探测范围变小了。为了同时提高传感器的灵敏度、响应速度和探测范围，清华大学的研究者使用了一种巧妙的方法：把二维的石墨烯传感器卷起来，形成一个三维的管状结构。对这种传感器的性能进行了测试，结果表明，它的灵敏度更高、响应速度更快，而且探测范围更宽，能探测从紫外到太赫兹的光线。

人们认为，这种方法还有更大的潜力，因为微管的层数和管径都可以调整。

5. 光感提高 1000 倍的石墨烯图像传感器

摄像头到底是怎么拍摄照片的？微信扫码是依靠什么方法？

摄像头拍照是利用了图像传感器。它接收到拍照对象发出的光线，然后把光线转换为相应的电信号，经过处理后形成图像。

喜欢摄影的人很熟悉 CCD，其实，它就是一种图像传感器。CCD 是电荷耦合器件（charged coupled device）的首字母缩写，是由美国贝尔实验室的两位科学家威拉德·博伊尔和乔治·史密斯在 1969 年发明的，它包括大量光敏元件，这些光敏元件排列成矩阵形式，如图 8-6 所示。

图 8-6　CCD 示意图

相机的像素就是指 CCD 里的光敏元件的数量。

拍照时，景物反射的光线通过镜头照射到 CCD 上，光敏元件在光线的作用下会产生电荷，每个元件产生的电荷数量和它接收到的光线的强度有关。CCD 把所有元件的电荷信号传输给控制电路，转换成数字信号，数字信号经过处理并保存，就得到了数码照片。

为了得到彩色照片，某些手机、相机等设备中安装了 3 块 CCD，分别输出红、蓝、绿三种颜色的电信号，它们以不同的比例混合，就可以得到各种不同的颜色。

由于 CCD 可以把光学影像转化为数字信号，得到数码照片，这样就可以使拍照不再使用胶片了，而且容易对图像进行后续的处理和传输。凭借这项发明，两位科学家获得了 2009 年的诺贝尔物理学奖，评选委员会评价说："无论在幽深的大海中，还是在遥远的宇宙里，它都能给我们带来水晶般清晰的影像。"

CCD 具有下述优点。

① 分辨率高，所以拍摄的图像很清晰。

② 灵敏度高，感光度高。能在弱光下拍摄照片，所以适合在夜间或远距离拍照。

③ 信噪比高，噪声信息对图片的影响小。

所以，目前 CCD 的应用很广泛。

但是，CCD 也有一些缺点，比如，成本高、体积大、功耗大。

除了 CCD 外，还有一种图像传感器，叫 CMOS 型图像传感器。这种传感器一般由光敏单元阵列、行驱动器、列驱动器、时序控制逻辑、A/D 转换器、数据总线输出接口、控制接口等组成。这种传感器是用半导体行业中常用的 CMOS 工艺制造的，所有的部件都集成在一块很小的芯片上。

CMOS 图像传感器的光电转换原理和 CCD 基本相同。拍照时，景物反射的光线照射到光敏单元，发生光电效应，产生电荷。但电信号的读取方法和 CCD 不一样，它是由行选择逻辑单元选取相应的行像素单元，读取电信号，传输到处理单元，经过 A/D 转换器，把模拟信号转换成数字信号，数字信号再经过处理并保存，就得到了数码照片。

CMOS 图像传感器采用目前的大规模集成电路生产工艺制造。和 CCD 相比，它的优点是集成度高，所以体积小、重量轻、功耗低、成本低，而且响应速度快，很适合安防行业中的实时监控。目前的高清监控摄像机一般都使用 CMOS 图像传感器。

但目前 CMOS 图像传感器的技术还不十分成熟，较低端的产品的成像质量不如 CCD，光感度低，图像的分辨率也低，噪声多。

现在很多场合需要采集指纹，有的设备使用光学指纹传感器，实际也是一种图像传感器，里面安装了 CCD。但是我们经常会遇到这样的情况：指纹不能一次采集成功，需要采集几次，这耽误了人们很多时间。另外，手机在晚上拍照时，即使使用了闪光灯，得到的照片颜色失真也很严重。

产生这些问题的原因主要是图像传感器的灵敏度较低，为了解决这些问题，人们一直在设法使传感器具有更高的光敏度。

新加坡南洋理工大学的科学家用石墨烯研制了一种新型的高光敏度石墨烯传感器，它对可见光和红外线都很敏感，比目前的图像传感器的光敏度高 1000 倍。研究者介绍说，这种传感器通过一种特殊的纳米结构，可以把光线"抓住"并滞留在里面，这样，它接收光线的时间比传统的传感器长，接收的光线数量更多，强度更高，所以它的光敏度很高。而且这种传感器对红外线也很敏感，所以，它就能转化成更强的电信号，得到更逼真的图像。

可以想象，如果手机里使用这种传感器，那么在晚上或在很远的地方也能拍摄出逼真的照片。将来，普通的手机甚至能成为"天眼手机"，能够接收到遥远的宇宙里的物体发射的非常微弱的光线，那样，我们自己就可以寻找传说中的"黄金星球""钻石星球"和外星人了。

但是，图像传感器太灵敏也会带来一些问题，比如隐私暴露和安全性问题。比如前些天网上有一篇文章，说有的装置可以"隔空"采集人的指纹或其它很多信息，或者利用"天眼"手机做违法的事情，那么人们的隐私、证件信息等都会暴露在别人的眼前，我们可能根本不知道哪里有个摄像头正在对着我们。想想这有多可怕？

第三节　石墨烯"警犬"——高灵敏化学传感器

在电影《007大战皇家赌场》里有一个情节：詹姆斯·邦德在和对手赌博时，赌城里的侍者送来一杯饮料，他一饮而尽，结果中了剧毒，差点丧命。

看了这个情节，有的观众可能会想：那个聪明绝顶的武器专家Q博士为邦德设计了那么多尖端武器，比如有夜视和透视功能的眼镜，能发射麻醉飞镖的钢笔，能发射激光、电锯并具有磁力的手表，能遥控对方汽车的手机，具有拍照功能的打火机……，他为什么不设计一种检测毒药的工具呢？是没想到还是不能做到？

如果当时不能做到的话，现在石墨烯可以做到了。

一、化学传感器

人们经常使用化学传感器检测物体的化学成分。传感器里的敏感部件接触到外界的化学物质后，敏感部件的物理性质或化学性质会发生变化，而且变化程度和化学物质的浓度有关系。转换电路把性质变化转换为电信号，经过处理后就可以分析出化学物质的种类和浓度。如图8-7所示。

化学传感器有多种类型，如气体传感器、湿度传感器、离子传感器、生物传感器等。气体传感器可以检测气体的成分；湿度传感器可以检测水蒸气的浓度；离子传感器可以检测离子物质，主要用于检测液体的化学成分；生物传感器可以检测生物物质的成分。

化学传感器在工业生产和日常生活中应用都很广泛。比如，资料报道，美

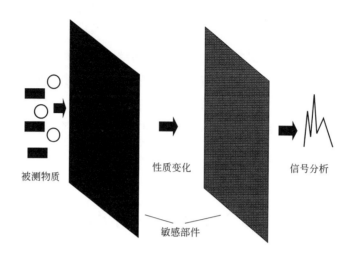

图 8-7　化学传感器示意图

国加州大学圣迭戈分校的科学家研制了一种微型化学传感器，可以安装在手机里，它可以检测空气中的有害气体如一氧化碳、甲烷等，所以是一种灵敏的"电子鼻"。如果这种传感器技术成熟，以后去超市时，人们就可以用它检测食品中的残余农药等有害成分了。

目前的化学传感器存在的问题主要也是灵敏度和分辨率。当有害成分的浓度很低时，很多传感器不能检测出来；当两种物质的成分不同但差别很小时，比如一氧化碳和二氧化碳，很多传感器也不能分辨出来。

二、石墨烯化学传感器

使用石墨烯制造化学传感器，可以克服传统的传感器的一些缺点，具有高灵敏度和高分辨率。因为石墨烯的电性能如电阻对表面的化学成分很敏感，即使吸附很微量的物质时，比如气体分子，石墨烯的电阻率也会发生明显的改变。研究者发现，哪怕石墨烯只吸附一个分子，吸附位置的电性能都会发生变化，所以，用石墨烯制造的化学传感器可以检测到单个分子，灵敏度很高。

另外，不同的物质对石墨烯的电性能的影响也不一样。比如，研究者发现，石墨烯表面吸附 CO 分子后，电阻会增加；而吸附 O_2 或 NO_2 分子后，电阻会下降。所以，石墨烯对不同的物质具有很高的分辨率。

所以，石墨烯化学传感器在安检、食品质检、水质检测、疾病诊断等领域有重要的应用价值。比如，在航空航天领域，美国 NASA 用石墨烯研制了一种化学传感器，用来检测太空中的微量元素。说不定有朝一日，英国军情六处的 Q 博士能制造出石墨烯化学传感器，安装在邦德的袖口、手表或戒指上，这样，酒杯里散发的微量毒药分子都可以被检测出来。

日本富士通公司研制了一种高灵敏度的石墨烯气体传感器，它可以检测空气中的 NO_2 和 NH_3（氨气），灵敏度高，而且检测速度很快。

研究者发现，石墨烯经过掺杂后，灵敏度会更高。比如，掺杂氮元素后，能够检测 NH_3、CO 和 N_2。用 O_2 分子处理石墨烯后，制造成气体传感器，可以检测出微量的 NO_2，灵敏度比没有处理的石墨烯传感器高几倍。

有的研究者在石墨烯表面沉积了一层金属钯薄膜，制备了一种气体传感器，可以检测微量的氢气。而且这种传感器是柔性的，可以弯曲。

有的研究者用石墨烯-聚苯胺纳米复合材料作为敏感元件，制造了检测氨气的传感器，敏感度很高。

有的研究者用石墨烯-聚吡咯制备了一种湿度传感器，响应时间是 12 秒，检测极限小于 0.16%。

有的研究者用全氟磺酸-镍纳米微粒-石墨烯复合材料制备了高灵敏度的气体传感器，可以检测出浓度只有 $0.12 \times 10^{-3} mol/L$ 的酒精，相当于每升水中只有 5.52 毫克酒精。

在医疗领域，经常使用生物传感器检测生物分子，如细菌、葡萄糖、多巴胺等。

有的研究者用石墨烯制备了一种检测葡萄糖的传感器，灵敏度和分辨率都较高，而且响应速度快，可以进行连续的实时监测；而且它的体积小、可弯曲，所以便携性很好。

很多人知道，H_2O_2 是一种很好的消毒剂，但是，它对人体也有危害，会加快身体衰老，还可能引起基因变异。所以，在医疗行业，人们很重视对它的检测。研究者制备了一种复合材料。先合成 Pt-Au 双金属纳米微粒，把它们负载到石墨烯-碳纳米管上，然后用这种材料制备了一种化学传感器，可以检测 H_2O_2。其灵敏度很高，而且响应时间快，不超过 4 秒，检测浓度范围也比较宽。

有的研究者用石墨烯制备了一种离子传感器，可以检测钠离子、钾离子、钙离子、氢离子等，灵敏度很高，最低检测浓度达 1×10^{-6} mol/L，而且检测速度很快——响应时间只有 1 秒。

双酶 A（BPA）是一种化学药物，它会引起内分泌紊乱，危害人体健康。研究者用磁性纳米微粒修饰石墨烯，制备了一种化学传感器。它具有很好的选择性，能准确地识别双酚 A，而不会受到其它物质的影响，而且灵敏度高，性能稳定、可靠。

有人还用石墨烯和单壁碳纳米管复合材料制造了一种化学传感器，可以检测一种叫卡巴咪嗪的药物。

亚硝酸盐是一种食品添加剂，但它对人体也有很大的危害。研究者用石墨烯制备了检测亚硝酸盐的传感器，灵敏度很高，能检测出浓度为 69mg/L 的物质。

还有研究者用铈-氧化石墨烯制备了一种检测胆固醇的传感器。有的研究者用金纳米微粒和石墨烯制备了一种检测肾上腺素的传感器。

多巴胺（DA）是人体内一种重要的神经传递介质，对人的情绪、心脏和血管都有重要作用，但是它经常和其它一些物质共存，使得传统的传感器不容易区分它们，从而检测效果不理想。

有的研究者用多层石墨烯制造了检测多巴胺的传感器，具有很好的选择性，而且灵敏度也很高。

现在进行疾病诊断时，一些设备使用的传感器的灵敏度不够，只有较多的细胞发生病变时，它才能检测出来。众所周知，在发病早期，发生病变的细胞很少，这些传感器不能检测出来，所以就会延误病情。

针对这一点，研究者用石墨烯研制了一种单细胞传感器，它最大的特点是灵敏度高，即使人体内只有一个细胞发生了病变，它也能检测出来。所以，这种传感器能够及早发现疾病，从而及时治疗。

在生物技术中，基因测序是一项很基本也很重要的工作，它可以使人们了解基因的组成，从而开发相应的药物，在疾病诊断、药物开发等方面具有巨大的潜在商业价值。比如，1997 年，美国 AMGEN 公司把一个中枢神经疾病方面的基因转让，获得 3.92 亿美元的巨额利润。所以很多国家的政府和企业都很重视基因测序工作。

　　但是，基因的组成很复杂，基因测序的工作量十分大，需要耗费大量的时间和资金。比如，20 世纪 90 年代开展的"人类基因组计划"，目的是测出人体内约 25000 个基因的 30 亿个碱基对。这项计划在 1990 年启动，美国、英国、法国、德国、日本、我国的科学家共同参与，耗资 30 亿美元，原来预计需要 15 年时间，最后提前两年——2003 年 4 月 14 日完成了所有的测序工作。这项计划和第二次世界大战中美国研制原子弹的"曼哈顿计划"、20 世纪 60 年代的"阿波罗登月计划"并称为人类的三大科学计划，也被称为"生命科学领域里的登月计划"。

　　为了提高基因测序的效率，节省时间，降低成本，人们也在不断开发新技术。有的研究者提出，可以用石墨烯制造一种新型的 DNA 传感器。它的形状好像一个纳米洞，洞口很小，只能允许一个碱基进入。DNA 的四个碱基（A、C、G、T）对石墨烯的电导率有不同的影响，所以当 DNA 链进入纳米洞后，测量出石墨烯的电导率，就可以分辨出 DNA 链的碱基组成。如图 8-8 所示。

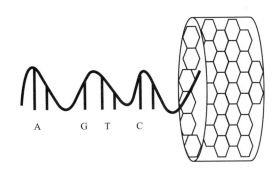

图 8-8　石墨烯 DNA 传感器

　　也许在不久的将来，人们能用这种传感器测出肥胖基因、长寿基因的碱基序列，那时候，减肥、长命百岁就不是什么难事了。

　　在安防领域，有的研究者开发了一种专门检测炸药的化学传感器，是用离子液体/石墨烯复合材料制造的。这种传感器的灵敏度比现有产品高，能检测出浓度只有 5×10^{-10} g/mL 的炸药。

第四节　其它传感器

一、触控屏和传感器

现在，手机的屏幕都是触控屏，可以用手指方便地操作。另外，很多公共场所如银行、车站、医院等也安装了很多触控屏设备，人们使用很方便。

触控屏是怎么实现它的功能的呢？其实，它也是依靠了传感器。

按照原理，触控屏有两种类型：一种是电阻式触控屏，一种是电容式触控屏。前些年，电阻式触控屏比较多，现在一般都使用电容式触控屏。

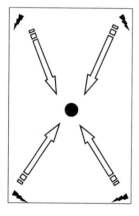

图 8-9　触控屏示意图

电容式触控屏实际上就相当于一个电容式传感器。以手机触控屏为例，它的表面有一层玻璃，玻璃下面有一层 ITO 导电薄膜，薄膜的四个角上各安装着一个电极，通电后，薄膜里有电流通过。当用户的手指接触屏幕上的某个位置时，手指会和 ITO 导电薄膜形成一个电容器，手指会从接触点吸走一个很小的电流，这个电流分别从四个角上的电极中流出，而且通过每个电极的电流和手指与它们之间的距离成一定的比例，控制电路通过计算四个电流值，就可以知道手指接触点的位置，于是，这个位置的图标就会被激活。图 8-9 是它的原理示意图。

这是比较基本的触控屏，而现在手机使用的触控屏叫多点触控屏，它的结构更复杂。整块 ITO 导电薄膜被分隔成了很多个小单元，这些小单元形成了很多个电极，如图 8-10 所示。

当手指接触屏幕的某一个位置时，它的原理和上面提到的相同。但是这种屏幕的优点是可以实现多点触控，比如用两个手指缩放图片。这种屏幕相当于由很多个小屏幕组成，可以同时感知多个接触点。

很多人都有这么一个疑问：为什么手机贴膜后可以操作触控屏，但如果戴着手套就不能操作了？

这是因为，手机贴的薄膜比较薄，手指接触屏幕时仍会引起电容的变化，

图 8-10 多点触控屏

吸走电流。但是手套比较厚，手指接触屏幕时，和 ITO 的距离比较远，虽然也形成了电容，但是它的值特别小，使手指吸走的电流很小，所以手机里的控制电路察觉不到这个电流。

所以，对手机研发人员来说，这也是一个重要的研究方向——提高触控屏的灵敏度。即使戴着手套，甚至手指离屏幕很远，也能对它进行"隔空"操作，类似于《射雕英雄传》里的"一阳指"功夫。

电容式传感器的应用还有很多，比如有的自动干手机也使用了这种传感器。当人手放到它的下面时，和自动干手机里的部件形成电容，改变了自动干手机的电场，里面的控制电路就会打开开关，开始吹风。

二、压力传感器

压力传感器可以感受外界的压力，并把压力信号转换成电信号，对设备进行控制。

压力传感器的应用范围很广泛，有的触控屏就使用了压力传感器，手指或触控笔接触屏幕时，压力传感器感受到压力，把压力信号转换成电信号，控制电路对电信号进行分析，可以计算出接触位置。

2016 年，苹果手机采用了一种"压力触控屏幕技术"，也叫"3D touch"技术，用户可以使用它方便地操作手机：可以在一个位置上实现多种操作。

这个功能就是依靠压力传感器实现的。用户的手指按压屏幕的某个位置，施加的压力大小不一样，手机里的压力传感器都可以感应出来，把不同的压力信号转换成不同的电信号，手机芯片的控制电路就可以针对不同的压力实现不同的功能。这一点和弹钢琴很像：即使按压同一个键，但压力大小不一样，钢琴发出的声音也不一样。在手机里，事先也设定好了每种压力对应的功能。

手机里还有一个传感器叫气压传感器（barometer），它实际上也是一个压力传感器，只不过不是感应手指或其它物体的压力，而是感应空气的压力。用户在不同的海拔高度时，大气压不一样，这个气压传感器可以感应到，这样它就可以判断出用户所在的海拔高度。

气压传感器在有的场合很有用处，比如在高架桥上驾车时，它可以和GPS配合，共同进行导航。因为GPS主要是对水平位置进行定位，对高度定位的功能比较弱，这样，在高架桥上，它不能准确判断出车辆在桥上的高度，就容易出现错误。比如，车辆在第三层，这层只能向右转，而第二层只能向左转，由于GPS对高度的定位不准确，它可能认为车辆在第二层，从而让车主左转！有了气压传感器，就不会发生这样的错误了。

另外，在高楼或山上时，气压传感器都可以方便地确定人的位置。

压力传感器在别的很多行业和产品里都有用。比如，电子血压计测量血压就是利用了压力传感器，它通过感应袖带中的压力和血管压力，测量出血压。

汽车里也有压力传感器，比如轮胎的气压就是压力传感器测出来的。另外，发动机里也安装了压力传感器，它通过测量里面的气压，可以控制燃油充分燃烧，提高燃烧效率。

据资料介绍，有人用压力传感器制造了一种特殊的床垫，可以帮助人更好地入睡。人如果不能入睡，就会辗转反侧、不停地翻身，在这种床垫上睡觉时，压力传感器会感应到人的压力，包括大小、频率等，从而判断出人的睡眠质量。如果分析结果表明这个人睡眠质量不好，处理器就会播放一段悠扬的乐曲，使人尽快入睡。

三、加速度传感器

手机屏幕能自动旋转，也依靠了里面的一种传感器，叫加速度传感器，也叫重力传感器。当手机旋转时，这个传感器能感知重力引起的加速度，这样就可以判断出手机的方向，从而控制屏幕，让它随之旋转。有人做了个形象的比喻，这种传感器的原理就像在一个盒子里装一个球，盒子转动时，由于重力的作用，球会跟着移动；反过来，就可以根据球的移动情况判断盒子是否发生了转动。如图 8-11 所示。

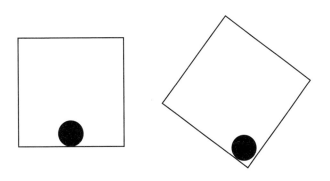

图 8-11　加速度传感器示意图

加速度传感器还有很多其它的应用。

1. 汽车安全气囊

汽车安全气囊的弹出是用加速度传感器来控制的。当汽车发生碰撞时，存在一个很大的负加速度，传感器感知后，明白发生了事故，于是把信息传给控制部件，使气囊弹出。

2. 计步功能

手机的计步功能有的也是用加速度传感器实现的。因为人在跑步或走动时会产生振动，每一步都存在一个加速和减速过程，加速度传感器可以检测到这个过程，通过处理器就可以分析出步数及距离，以及消耗的热量。

3. 相机的防手抖功能

有的相机有防手抖功能，这种功能也是通过加速度传感器实现的。手抖动时，会存在一个加速度，传感器感知到这个加速度后，会通过控制电路调整相机的镜头，让它往反方向移动，从而可以保证照片的清晰度。

4. 硬盘保护

电脑的硬盘发生振动时，磁头有可能损坏磁盘片。为了防止这种情况，有的磁盘里安装了加速度传感器。当硬盘发生振动时，也存在一个加速度，传感器检测到这个加速度后，可以通过控制电路控制磁头的位置，避免损伤磁盘片。

四、其它的石墨烯传感器

1. 石墨烯触控传感器

英国科学家为机器人研制了一种"人工皮肤"，这种皮肤实际上是一种用石墨烯制造的电容式触控传感器，可以很灵敏地感知外界的压力，就像人的皮肤一样。这样，机器人就有了灵敏的触觉。

另外，这种传感器是透明的，而且有很好的柔性，可以弯曲，所以也可以安装在太阳能电池的表面，让太阳能电池为它供电。

另据报道，诺基亚公司计划用石墨烯研制一种触控传感器，用于手机、电脑、电视等设备。将来，这种传感器可以提高人们的体验，比如，当手机屏幕上显示出一幅丝绸的图片时，用手触摸时，会有一种顺滑感；触摸屏幕上的冰块时，会有冰凉的感觉；甚至看到屏幕上的美食时，会马上闻到它们的美味，或者能和屏幕上的俄罗斯总统普京掰手腕！

2. 石墨烯质量传感器

利用石墨烯可以制造精度很高的质量传感器。石墨烯表面吸附分子后，它的共振频率会发生变化，而且变化程度和分子质量存在一定的关系。所以，通过测试石墨烯的共振频率，就可以测量出分子的质量。

3. 石墨烯应力应变传感器

人们还用石墨烯制备了应力应变传感器，可以感受很细微的应力或应变。这是因为，石墨烯在受到应力或应变时，它的电阻率会发生明显的变化。

4. 石墨烯电场传感器

石墨烯对电场很敏感，因为电场会改变石墨烯中载流子的浓度。所以，人们用石墨烯研制了一种电场传感器，这种传感器有很高的分辨率和信噪比，在材料科学领域，可以用它制造很先进的电子显微镜。

5. 石墨烯磁场传感器

同样，石墨烯对磁场也很敏感，所以人们用石墨烯制造了磁场传感器，可以用于制造磁阻器件，应用于光电领域。

第九章

大显身手

——石墨烯在力学、化学、医学等领域的应用

第一节　石墨烯"软猬甲"

一、刀枪不入——石墨烯"软猬甲"

1. 软猬甲

看过《射雕英雄传》的读者都知道，黄蓉有一件宝物叫"软猬甲"，是用金丝和千年的藤枝混合在一起编成的，穿着它可以刀枪不入，当然也能抵挡拳脚。

2. 现实生活中的"软猬甲"——防弹衣

到了现代，人们研制出了真正的软猬甲或升级版的藤甲——防弹衣。早期的防弹衣是用钢板制造的，第一次世界大战期间，英、法等国家的军队就穿了它。在第二次世界大战期间，人们又使用特种钢制造防弹衣。

1945 年，美国研制了用铝合金和高强度尼龙制造的防弹衣。在之后的战争中，美国陆军使用了由 12 层防弹尼龙制造的全尼龙防弹衣，海军陆战队使用了由玻璃钢制造的防弹衣。

20 世纪 70 年代初，美国杜邦（DuPont）公司研制了一种新型的合成纤维，叫凯夫拉（Kevlar），它具有特别高的强度——是钢材的五倍，而且能耐高温。美国军队很快就用它来制造防弹衣，其中一种型号由 6 层 Kevlar 组成。

后来，人们又用其它一些高性能纤维材料制造防弹衣。

再往后，人们又用刚玉、碳化硅等陶瓷材料或金属-陶瓷等高性能复合材料制造防弹衣，这是第三代防弹衣。

近年来，研究者又在研制新型的防弹衣，报道的有下面几种。

（1）液体防弹衣

这是英国 BAE 系统公司研制的，它是在两层 Kevlar 纤维之间充填了一种液体，叫剪切增稠液，这种液体里面悬浮着很多微粒，被子弹击中后，液体可以吸收子弹的能量，里面的微粒也发生运动，导致液体的硬度大幅度提高，从而阻挡住子弹。

这种防弹衣的保护效果更好，而且厚度薄、重量轻、柔韧性好，士兵的活动不受影响。

（2）蜘蛛丝防弹衣

美国的研究者发现，有一种蜘蛛丝有很优异的性能，强度很高，柔韧性也很好，用它制造防弹衣，防弹性能特别好，而且轻、薄，穿着舒适。只是这种天然蜘蛛丝的产量比较少，研究者正在研制利用人工方法大批量生产类似的材料。

（3）仿生防弹衣

英国的研究者发现鹿角特别硬，韧性也高，所以他们仿照鹿角的化学组成和微观结构，研究了一种仿生防弹衣。

（4）纳米防弹衣

香港科技大学的研究人员在高强纤维里加入了一些碳纳米管，制造了纳米防弹衣。碳纳米管的强度很高，柔韧性也好，使得这种防弹衣的强度几乎能达到高强度钢丝的十倍。

（5）水晶纤维防弹衣

英国南安普敦大学的研究者发现，对一层液态水晶施加电压后，水晶分子会沿同样的方向排列，形成一个分子链。他们采用一定的技术，把多条这样的分子链连接起来，制造了一条纤维。这种纤维的强度很高，适合制造防弹衣。

3. 石墨烯防弹衣

石墨烯有很高的强度，原来人们认为，单层石墨烯的强度已经很高了。但是最近，美国佐治亚理工学院的研究者又有了新发现：他们研制了一种由两层石墨烯组成的薄膜，这种薄膜能够抵挡钻石尖的冲击，也就是说，即使用钻石制造子弹或刀剑，也不能穿透它。

石墨烯防弹衣的柔韧性也很好，而且厚度薄、重量轻，穿着更舒适，不会妨碍穿着者的行动。

和目前的防弹衣相比，石墨烯防弹衣还有一个很大的优点，就是可以防护眼睛。现在的防弹材料多数都是不透明的，不能防护眼睛，而石墨烯是透明的，所以能够防护眼睛，并且不会影响穿着者的视线。

二、石墨烯绳索

用石墨烯可以制造强度特别高而且柔韧性特别好的纤维和绳索，它们的用途很多。

1. 建造太空电梯

很多研究者提出，可以用石墨烯制造太空电梯的缆线，它异常坚固，而且有足够的柔韧性。如果这个设想真的成为现实，那它会给我们带来无尽的好处。

① 可以利用太空电梯，向人造卫星或空间站运送物资。现在运送物资，都需要发射专门的宇宙飞船，成本特别高。有了太空电梯，可以把它作为一个输送带或货运电梯，很方便地运送物资。

② 可以从太空向地球运送矿产。人们已经发现，月球等星球上有一些重要的矿产资源，比如稀土。宇宙中甚至还有更吸引人的"黄金星球""钻石星球"等。这方面的报道很多，比如，一则报道介绍，美国和英国科学家发现一颗"黄金星球"，距离地球 2500 光年，体积是太阳的 3 倍，表面都是黄金，估计共有 1000 亿吨！

2011 年，美国的 SCIENCE 杂志报道，科学家发现了一颗"钻石行星"，它完全由钻石构成，体积是地球的 125 倍！距离地球有 4000 光年。另一则报道介绍，2012 年，美国天文学家发现一颗"钻石星球"，距离地球 50 光年，体积是地球的两倍，完全由钻石组成，重量是 2000 亿亿亿吨！

这些星球距离地球特别远，假如在将来的一天，用石墨烯制造了足够长的缆线，就可以在地球和它们之间建造一座太空电梯，把上面的黄金和钻石运到地球上来。

③ 太空旅游。相对从黄金星球和钻石星球运送黄金和钻石来说，利用太空电梯进行太空旅游是个更加可行的方案。有了太空电梯，我们就可以去太空中亲眼看看地球，或者去其它的星球旅游。

2. 高强度绳索

用石墨烯纤维可以编织高强度绳索，用于起重机等设备。这种绳索很坚固，说不定能把地球吊起来！可以套用阿基米德的那句名言："给我一条石墨烯绳索，我能吊起地球。"如图 9-1 所示。

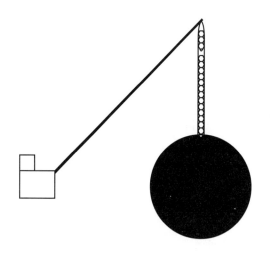

图 9-1　起重机吊地球

说不定将来人们也可以用石墨烯绳索把钻石星球和黄金星球拉到地球来。

三、"不倒钉"的克星——石墨烯"轮胎王"

由于石墨烯的密封性很好，不会漏气，所以，美国康奈尔大学的研究者用石墨烯制造了一个气球，它的厚度只有一个碳原子直径。所以是世界上最薄的气球。

既然石墨烯不漏气，而且强度和硬度都特别高，连钻石都不能穿透它，那它自然就更不害怕"不倒钉"了。所以，将来可以用石墨烯制造汽车轮胎，这种轮胎是一种"超级轮胎"或"轮胎王"，它具有多个优点。

1. "不倒钉"的克星

钉子不仅不能刺透这种轮胎，反而会被它压扁。

2. 不容易爆胎

我们知道，轮胎充气太足时，空气压力太大，轮胎就容易破裂。天气太热时，轮胎内部的压力增大，也会发生破裂。或者不小心撞到石头上，轮胎也会爆胎。

但是，用石墨烯制造的轮胎不容易发生这些情况，因为石墨烯的强度特别高。

3. 耐磨性好

石墨烯轮胎的耐磨性很好，不容易发生磨损，使用寿命特别长。

4. 重量轻

石墨烯轮胎只需要一层石墨烯就足够了，所以属于超薄型的，重量很轻，很多女士都可以轻松地换胎了。实际上，这种轮胎既然不容易爆裂、磨损，所以在很多情况下是不需要更换的。

四、石墨烯在汽车上的应用

1. 提高车身的强度

有人提出，可以在汽车车身的表面贴一层石墨烯薄膜，可以大大地提高车身的强度和硬度，从而能提高车辆的安全性，也能防止划痕。

2. 制造超轻型汽车

如果用石墨烯制造汽车车体，既可以提高车辆的强度，也能减轻车辆的重量，节省能源。

3. 制造发动机气缸

发动机气缸在工作过程中，不断和活塞发生摩擦，经过一段时间后，二者之间会出现较大的缝隙，这会导致发动机的动力下降，而且浪费燃油。资料介绍，F1赛车在比赛过程中，气缸内的活塞每秒往复循环300次，运动距离在25米以上，所以活塞和气缸的磨损都很严重，需要经常维修和更换。

由于石墨烯的润滑性和耐磨性都很好，所以研究者提出，可以用它解决上述的问题。比如，可以在气缸内壁或活塞表面贴一层石墨烯薄膜，这样就可以减轻它们的磨损了，从而延长使用寿命。

石墨烯由于具有优异的自润滑性能，还可以应用在机械、车辆、航空航天等很多领域，减轻零部件间的摩擦。也可以应用在日常生活中，比如在钥匙或锁芯表面镀一层石墨烯，它们就不会发涩。

五、石墨烯飞行器

飞行器对材料的比强度要求很高，因为在保证强度的同时还要尽量减轻重量。石墨烯具有优良的比强度，所以适合制造超轻型飞行器，提高它们的飞行性能，使它们速度更快、能耗更小。

六、石墨烯在日用品中的应用

1. 不怕摔的碗

《哈佛家训》里有个故事。一家人吃完饭后，妈妈和姐姐在厨房里洗碗，爸爸和弟弟在客厅里看电视。突然，厨房里"稀里哗啦"响了几声。弟弟一阵紧张，说："坏了，一定是碗摔了。"爸爸面无表情，慢悠悠地说："没事，是妈妈摔的。"弟弟一脸疑惑，不解地问："为什么？"爸爸回答："因为她没骂人。"

碗和盘子都是用陶瓷制造的，陶瓷的硬度很高，但是韧性很差，容易被摔碎，有的时候即使被碰一下，都会产生裂纹，所以在洗碗、吃饭时，碗、盘子经常被摔碎或碰裂。如果用石墨烯制造碗和盘子，它们的强度和韧性都会很好，以后就不会发生这样的事了。

在网球比赛里，有的球员脾气很暴躁，发挥不好时喜欢摔球拍，结果使球拍被摔坏。如果用石墨烯制造球拍，就不怕摔了，摔完后可以接着用。

2. 石墨烯耐磨鞋袜

鞋、袜很容易发生磨损，如果用石墨烯制造，就可以很好地解决这个问题。据报道，英国一个公司正在研制石墨烯跑鞋，这种鞋的耐磨性和弹性都很好，而且重量轻、厚度薄。

3. 石墨烯玻璃、石墨烯塑料和石墨烯纸张

玻璃、塑料和纸张平时很容易受到损坏，如果用石墨烯制造，它们就可以坚不可摧了。

由于石墨烯的透明性好，用它制造的玻璃的透光性很好，如果用它制造眼镜片，这种镜片的透明度高，而且是超轻薄的，也不容易发生破碎。

人们更感兴趣的应该是用石墨烯制造手机屏幕，这种屏幕不怕摔。

我们经常听说防弹玻璃，这种玻璃一般是由三层组成的：内外两层是普通玻璃，中间有一层聚碳酸酯纤维层，经过特殊工艺加工而成。中间的聚碳酸酯纤维层很坚韧，可以吸收子弹的能量，不被击穿，从而具有防弹功能。

这种防弹玻璃虽然能抵挡外部的射击，但是车内的人员也不能反击，这样仍然很危险。基于此，人们开发了一种特殊的防弹玻璃，叫"单向防弹玻璃"，它只具有单向防弹功能，就是能够阻挡外面的子弹，但是可以允许车内的人员向外部射击。这种玻璃的原理也比较简单，它只有两层，外层是普通玻璃，内层是坚韧的纤维层。从外面射来的子弹击中外层玻璃后，玻璃会吸收子弹的能量，子弹的速度就会下降很多，当它击中里面的纤维层时，已经是强弩之末，所以就会被阻挡住。

当车内的人员向车外射击时，子弹先击中纤维层，但纤维层吸收的能量比较少，而且，外层的玻璃在纤维层的冲击下会发生破碎，这样就不会对子弹产生太大的阻力了，子弹就可以射到车外。

如果用石墨烯制造防弹玻璃，结构十分简单，只需要一层石墨烯就足够了。当然，现在看来，这种石墨烯玻璃不能制造单向防弹玻璃。

石墨烯也可以制造塑料，这种塑料强度高，不容易破坏。普通塑料不耐阳光的照射，容易发生老化、变脆，发生开裂，所以农业中使用的塑料薄膜需要经常更换。而石墨烯塑料可以克服这些缺点，能够长期使用，而且石墨烯塑料的透光率更好，有利于农作物的生长。

现在的家庭里经常使用保鲜膜给食品保鲜，保鲜膜的作用主要有三个：

① 能阻止食品内的水分挥发，所以使食品保持新鲜；

② 能阻止食品的化学成分挥发，从而保留它原有的味道；

③ 能够隔离空气，防止食物氧化或受到污染。

为了达到上述作用，对保鲜膜的材料有专门的要求：

① 密封性好;

② 对人体无毒无害;

③ 本身的化学成分是安全的,不会污染食品;

④ 本身的性质稳定,不容易发生分解;

⑤ 有足够的强度,不容易发生破裂。

现在使用的保鲜膜基本满足这些要求,但是仍存在一些不足,比如容易破裂,温度高时会发生分解,污染食品。而石墨烯完全满足上述要求,是一种理想的保鲜膜材料。

七、制造其它二维材料

研究者发现,有很多材料是二维层状的,比如碳酸钙等,如图 9-2 所示。人们希望把这些材料层层剥离,得到更薄的材料,这些更薄的二维材料具有一些独特的性质。

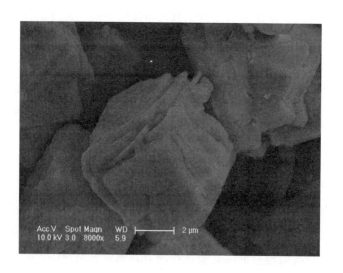

图 9-2　层状碳酸钙

但是这些材料的层与层之间的结合力比较强,缝隙很小,不容易剥离。研究者认为,可以尝试用石墨烯插入这些缝隙里,把它们分离。

第二节　石墨烯的热性质的应用

一、石墨烯耐高温材料

1. 太阳探测器

2018 年 8 月 12 日，美国国家航空航天局（NASA）发射了一颗"帕克号"太阳探测器，目的是在近距离对太阳进行观测。这是人类历史上第一次进入日冕（太阳的大气层）对太阳进行观测，是有史以来距离太阳最近的探测器——只有 650 万公里左右。

可以想象，要完成这项任务，探测器需要克服高温带来的问题。资料介绍，这个探测器的头部有一个防热罩，由碳-碳复合材料制造，厚度有 12 厘米，耐热性达 1400℃左右。

石墨烯的耐热性比这种复合材料还好，所以是一种更好的耐热材料，能够更好地保护内部的零件和探测仪器。

2. 石墨烯"太空海绵"

2019 年 4 月，南开大学的研究者研制了一种"太空海绵"，它是由石墨烯组成的一种三维材料。这种材料的温度性能很好，既能耐 1000℃的高温，也能耐－269℃的低温——在高温时不会软化，在低温下不会变脆，仍有很好的弹性。研究者介绍，这种材料在航天、传感器、可穿戴设备等领域具有很好的应用前景。图 9-3 是这种材料的电子显微镜照片。

3. 车削刀具

在民用领域中，很多零部件也需要耐高温，比如在机加工领域，用车刀进行切削时，车刀和工件之间发生摩擦会产生高温，在高温下，车刀的硬度会下降，所以会影响切削效率，而且切削质量会降低。所以，进行高速切削时，车刀的刀头一般都使用高速钢、硬质合金或陶瓷材料，它们的耐热性比普通钢材更好，适合进行高速切削。

石墨烯具有很好的耐热性，同时导热性好、硬度高，很适合制造高速切削车刀。

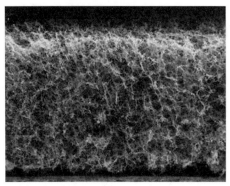
(a) 总体结构

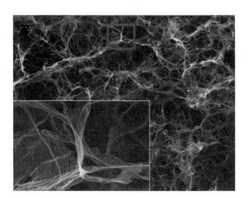
(b) 局部结构

图 9-3 石墨烯"太空海绵"

二、石墨烯散热材料

在 2002 年世界杯足球赛前夕，阿迪达斯公司为球员们开发了一种新型的球衣，它有两层，据说内层有利于吸汗和散热，外层有利于汗液的蒸发。现在这种衣服已经很多了，很多人都穿。

但是相信很多人都有体会，有时候这种衣服在穿和脱的时候比较麻烦：穿的时候，有时候外层已经穿好了，可是内层很不舒展；在脱的时候，有时候外层已经脱下来了，但内层还是裹在身上。

有的球员也遇到了这种麻烦。在巴西队的一场比赛中，他们的主力后卫卢西奥跑到场边要换衣服，结果脱了半天，仍脱不下来，衣服总是裹在身上，最后没办法，助手用剪刀直接把衣服剪开，卢西奥才脱下来。

假想一下，如果用石墨烯做球衣，它的导热性很好，只需要一层就够了，可以避免那样的麻烦。

除了可以做散热很好的衣服外，石墨烯还可以应用在其它多个散热领域，常见的如下。

1. 散热片

散热片是电子设备里使用的散热装置，它们和电子元器件接触，可以把电子元器件产生的热量散发到空气中，保证元器件正常工作。电脑、手机、电视等设备里都有散热片，它们对产品的使用寿命和能耗有重要影响。

目前，电子设备向集成化、轻薄化发展，元器件的集成度越来越高，这样，在工作过程中产生的热量更高，对散热片的性能要求也更高。这方面的全球市场价值在 2015 年就达到了 107 亿美元，有的机构预测在 2021 年将达到 147 亿美元。

目前的散热片一般是铜合金和铝合金制造的，如果在散热片中加入石墨烯，无疑可以提高散热效率，如果完全由石墨烯制造，散热性会更好。韩国的研究者在氮化镓（GaN）发光二极管中嵌入了石墨烯，发现它的工作温度明显降低了，从而有利于提高二极管的使用寿命。

另外，有的电子产品如可穿戴设备要求散热材料是柔性或透明的，铜合金、铝合金等传统的散热材料不能满足这方面的需要，而石墨烯则可以做到这一点，所以有更重要的意义。

2. 暖气片

家庭里使用的暖气片多数也是铝合金制造的，因为铝合金的导热性好，可以把暖气的热量散入房间里。如果在暖气片里掺入石墨烯或在暖气片表面涂覆一层石墨烯薄膜，散热效果会更好。

另外，夏天时，人们都睡竹凉席，因为它能把人体的热量散走，所以会感觉凉快。如果用石墨烯制造凉席，感觉会更清凉。

3. 导热塑料和导热陶瓷

在普通的塑料或陶瓷里加入石墨烯，可以制造导热塑料和导热陶瓷，具有很好的导热性。

导热塑料在电子、汽车等领域有广阔的应用前景。比如在电子行业，目前多数电子元器件的封装材料都是塑料，但这些塑料的导热性差，使得电子元器件在工作过程中产生的热量不能散发出去，从而使性能下降，甚至引起损坏，严重的还会发生安全事故。如果使用导热塑料，就可以避免这些问题。

散热器也可以用导热塑料制造，和金属散热器相比，因为塑料容易加工成复杂的形状，所以可以使散热器具有更大的散热面积，采用传导、对流和辐射等多种方式散热，散热效率更高。

导热塑料在电动汽车里也有重要作用——可以作为电池的箱壳。电池在工作过程中会发热，随着温度的升高，电池的性能会降低，甚至会发生燃烧或爆炸等安全事故。如果使用导热塑料制造电池的箱壳，就可以避免上述情况的发生。

高导热陶瓷的应用范围也很广泛，其中最典型的也是电子行业，用它制造的线路板，人们一般叫做陶瓷基板。如果陶瓷基板的导热性差，就不利于元器件的散热。如果使用高导热陶瓷制造，则有利于元器件的散热，从而提高它们的工作效能。目前，手机行业对高导热陶瓷基板的需求很大。

4. 制造纳米流体

纳米流体是一种新型的传热材料，最早是由美国 Argonne 国家实验室的科学家在 1995 年提出的。这种材料就是在传统的传热工质如水、油、醇等中加入一些导热性比较好的纳米粉体，从而提高工质的导热性。添加的纳米粉体包括金属和非金属等材料。

研究者也研究了石墨烯纳米流体的性能，发现在去离子水里加入体积分数 0.05% 的石墨烯后，在 25℃ 时，热导率提高了 16%；在 50℃ 时，热导率提高了 75%！

我们知道，导热材料在低温时的导热性一般比较好，而在高温时，导热性会急剧降低，所以，提高导热材料在高温时的导热性是一个瓶颈。而石墨烯纳米流体为这个问题提供了一个很好的解决方案。

由于具有突出的导热性，所以纳米流体在很多领域具有广阔的应用前景，人们认为它是新一代的散热技术，可以应用在很多方面。

① 空调和冰箱。将来，可以用水和石墨烯制造纳米流体，应用在空调和冰箱里，取代氟利昂。纳米流体的制冷效果更好，可以节能，而且不会对环境造成污染，另外，它的成本也比氟利昂低。

② 发动机冷却。汽车等很多设备的发动机在工作过程中会产生大量的热，使温度升高。这些热量需要尽快散出，否则会影响发动机的工作效率。人们已经采取了一些方法，比如改进冷却缸的结构，但是效果仍不理想。所以有人提出，可以用纳米流体进行强化散热。研究者在汽车冷却液里加入了一些纳米 SiC 颗粒，制备了纳米流体，测试结果表明，它的导热性可以提高 50% 以上。如果用石墨烯制备纳米流体，导热性可能会更好。

③ 电子器件冷却。为了进一步提高对电子器件的冷却能力，人们提出了

液态冷却技术，即在电路板上加工一些微型管道，里面填充液态物质，包括水、液态镓等，它们可以快速流动，把热量迅速散出。

在这项技术的基础上，有的研究者提出，可以利用纳米流体进行更高效的冷却。研究者分别用液态镓、CuO-水纳米流体和纯水作为电脑CPU的冷却介质，研究了它们的冷却性能，测试结果表明，CuO-水纳米流体的散热性、动力性都很好，而且成本也较低。同样，如果用石墨烯制备纳米流体，导热性可能会更好。

5. F1赛车的驾驶舱

据资料介绍，F1赛车在比赛过程中，驾驶舱虽然不是封闭的，但是在高速行驶过程中，由于受到空气压力作用，驾驶舱内部的温度仍很高，可以达到50～60℃。在一场比赛中，车手身体脱水和消耗的脂肪可达4公斤以上。从长远看，这对车手的健康具有不利的影响。为了降低驾驶舱的温度，可以考虑用石墨烯制造驾驶舱，提高驾驶舱的导热性，降低内部的温度。

6. 异想天开——利用石墨烯开发地热资源

我们知道，在地球上的一些地方，有丰富的地热资源，而且很多这种地热都没有被充分利用起来。有的研究者提出一个设想：通过石墨烯来利用地热资源，把石墨烯伸到地下，和热水或热汽接触，因为石墨烯的导热性好，可以迅速地把地热传导到地面上，然后进行发电、供暖。如图9-4所示。

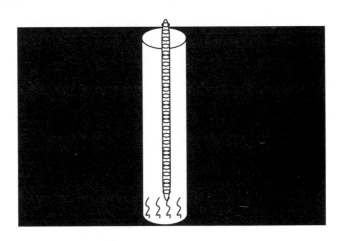

图9-4　利用石墨烯开发地热资源

三、石墨烯发热材料

2018 年 2 月 25 日 21 时，在韩国平昌冬奥会的闭幕式上，中国代表团进行了一场名为"2022，相约北京"的文艺表演，向全世界发出热情的邀请。

当时，表演现场的温度只有－3℃，而演员的服装都很单薄，那怎么保证他们不会被冻伤而且动作轻盈、表演到位呢？

原来，他们穿了一种特殊的服装——石墨烯发热服。

1. 石墨烯发热

石墨烯的电阻率很小，所以在通电后，会发出很多热量。

这听起来好像和我们的常识相反：应该是电阻越大，发热越多呀，现在怎么电阻小的石墨烯发热多呢？

其实，这两种说法都对，因为它们分别有自己的前提条件。如果在一个电路里并联两个导体，这样，两个导体的电压相同，比如都是 220V，那么导体的电阻越小，通过它的电流越大，所以发热量就多。但是，如果在一个电路里串联两个导体，通过它们的电流相同，所以电阻大的导体发热量也大。

平时，我们都有这样的体会：如果导体的连接处接触不好，比如插座比较松，这里就会发热。就是因为这个位置和导线是串联在一起的，而且导线也有电阻。导体的连接处接触不好，就相当于这个位置的电阻变大了，所以发热量就大。

反之，如果接触良好，发热就很少。

所以，石墨烯在通电后会发热，而且发热效率很高、发热量很大，另外，由于石墨烯的导热性很好，所以和其它材料相比，它的发热速度很快。

2. 应用

石墨烯的这个特点，可以应用于相关的领域。

（1）发热服

可以利用石墨烯制造发热服装，就是在普通的服装表面加一层石墨烯薄膜，通电后可以发热。这种服装很轻薄，但是发热量很大，有很好的防寒保暖效果，而且柔软可折叠、透明性好，不会影响表演服本身的颜色和图案。

技术负责人介绍，这种发热服可以在－20℃的温度下，持续发热 4 小时，所以，在冬奥会闭幕式上的演员穿着这种服装，很顺利地完成了表演任务。

石墨烯发热服还可以有很多衍生产品，比如发热鞋、发热睡袋、发热帐篷等，所以可以应用到更广泛的领域中，比如严寒地区的生活和工作等。

（2）保健产品

石墨烯在发热的同时，还会发射远红外线。远红外线可以被人体吸收，能够扩张体内的毛细血管，促进血液循环、新陈代谢，提高人体的免疫力，所以，人们把远红外线叫做"生命光线"，具有比较好的医疗保健作用。

利用石墨烯可以发射远红外线的性质，可以制造功能性的服装、内衣、护腰、护膝等，对人体起到一定的保健作用。

（3）室内供暖

可以利用石墨烯发热进行室内供暖，这样可以不用烧煤，不会对环境造成污染，而且可以发射远红外线，对人体起到保健作用。有的企业制造了石墨烯节能幕墙、石墨烯远红外取暖器、石墨烯远红外地毯等产品。

（4）工业和农业领域

在工业领域里，石墨烯发热也有很大的应用价值，比如汽车烤漆房、烘干房等；在农业方面，牲畜养殖房、蔬菜大棚、苗圃、花房等，也可以利用石墨烯进行加热和保温。

第三节　石墨烯的化学性质的应用

一、石墨烯防腐涂料

很多设备和零部件在工作过程中都会受到环境中的化学成分的腐蚀，包括空气、水、酸、碱、盐等。

零件发生腐蚀后，使用寿命会缩短，如果不能及时发现，还有可能发生生产事故。在工业生产中，腐蚀、磨损、变形、断裂被称为四种主要的失效形式。

据统计，仅2014年，在我国由腐蚀造成的损失超过了2.1万亿元人民币，约占当年GDP的3.34%！

为了提高零部件的防腐性能，人们经常在它们的表面涂覆防腐涂料，但是很多涂料的性能仍不令人满意。

石墨烯的化学性质很稳定，有很好的耐腐蚀性，所以有的研究者用它制造防腐涂料。测试表明，这种涂料对零部件有很好的保护作用，而且强度高，不容易发生损伤和破坏。这种涂料在化工、海洋、石油输送、电力、石油、船舶等领域有广泛的应用前景。

据报道，我国有的企业用石墨烯生产了一种"三防"涂料，把这种涂料涂覆在船舶表面，能够避免海水、霉菌等对轮船造成的腐蚀。

二、石墨烯超级海绵

1. 石墨烯气凝胶

石墨烯的比表面积大，吸附能力很强，可以吸附很多其它物质。

由于这种性质，人们把石墨烯用于环境保护领域，进行废水处理、空气净化、海水净化等，去除污染物质。新闻里经常报道一些轮船漏油事故，对海水造成了严重的污染，如果使用石墨烯进行吸附，效果会很好。有的研究者提出，还可以用石墨烯吸附雾霾以及家庭装修产生的甲醛等有害物质。

在化工领域，可以利用石墨烯作为催化剂的载体，它负载的催化剂的数量可以很多，所以能提高化学反应的效率。

近几年，科学家又用石墨烯研制了一种新材料叫石墨烯气凝胶。气凝胶是一种特殊的材料，最大的特点是里面有很多孔隙，好像海绵一样。1931 年，美国的研究者用二氧化硅制造出第一种气凝胶材料，当时，人们把气凝胶称为"凝固的烟"。

所以，气凝胶的结构和海绵很像，人们把石墨烯气凝胶叫做"石墨烯海绵"或"碳海绵"。图 9-5 是石墨烯气凝胶的电子显微镜照片。

不过，和普通的海绵相比，石墨烯海绵的性能更加突出，是一种性能优异的"超级海绵"。2011 年，美国科学家用金属镍制备了一种气凝胶，它的密度只有 $0.9mg/cm^3$。我们知道，水的密度是 $1g/cm^3$，所以这种气凝胶的密度还不到水的千分之一。当时，这种材料被称为世界上最轻的固体。研究者把它放在一朵蒲公英上面，结果，蒲公英的绒毛丝毫没有被压弯，这张照片入选了英国《自然》杂志的年度十大图片，如图 9-6 所示。

2013 年，我国浙江大学的研究者用碳纳米管和石墨烯制备了一种气凝胶，

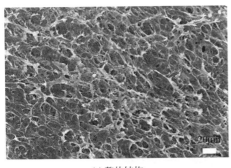
(a) 整体结构

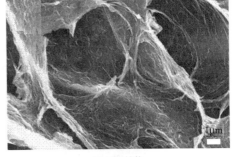
(b) 局部结构

图 9-5 石墨烯气凝胶的微观结构

图 9-6 蒲公英上的镍气凝胶

在真空中测量发现，它的密度只有 0.16mg/cm³。在 1 个大气压、20℃时，空气的密度是 1.2mg/cm³ 左右，所以，这种气凝胶比空气还轻很多，如果把它放在空气里，它可以自己飘起来。图 9-7 是研究者把一块 100cm³ 左右的气凝胶放在一棵麦穗上。

图 9-7　麦穗上的石墨烯-碳纳米管气凝胶

2. 应用

石墨烯气凝胶在多个领域中都有应用价值。

（1）取代氢气球

如果以后能够大规模制造这种石墨烯气凝胶，那就可以用它取代氢气球了。因为氢气球的危险性比较大，气球发生破裂后容易发生安全事故，而石墨烯气凝胶不会发生这种情况。

在科幻小说《神秘岛》里，由于气球发生了泄漏，五个主人公降落到了神秘岛上。大家可以做个有趣的设想：如果当时他们乘坐的气球是用石墨烯气凝胶制造的，那会发生什么情况呢？

（2）救生衣

《三国演义》里有一个情节：诸葛亮南征孟获时，曾遇到过一种藤甲兵，这种士兵穿的铠甲是用藤条编织的。这种藤甲有很奇特的性质：首先特别坚韧，刀枪不入；其次，藤甲还很轻，可以作为船只使用——渡河时，把它脱下来，放在水里，它不会沉下去，而是漂在水面上，人坐在上面甚至躺在上面，就可以渡到对岸去了。

受这个启发，我们可以想到，由于石墨烯气凝胶的密度很低，所以可以用来制造船只或救生衣。

（3）"驾云鞋"

现在，有的高科技公司在研制"三栖"车辆，它既可以在陆地上行驶，也可以在水中航行，还可以在空中飞行。

由于石墨烯气凝胶的密度很小，所以也可以用它来制造这种车辆，包括汽车、自行车等。

推而广之，我们可以想到，还可以用它制造"驾云鞋"，人们穿着它，可以像孙悟空和神行太保戴宗一样，腾云驾雾、通行无阻。

（4）环境保护

目前，人们经常用活性炭进行污水处理，因为活性炭的内部有很多孔隙，可以吸附污水里的污染物。

和活性炭相比，石墨烯水凝胶内部的孔隙更多，所以吸附能力更强。目前普通的吸附材料包括活性炭在内，只能吸附自身重量 10 倍左右的污染物，石墨烯水凝胶的吸收量大得多：有的资料介绍，它可以吸收自身重量 70 倍的污染物；还有的资料介绍，它可以吸收自身重量 250 倍的污染物，最多可以达到 900 倍。如果按这个最大值计算，相当于一公斤的石墨烯气凝胶可以吸收将近一吨的污染物！

石墨烯气凝胶还有一个特点，就是疏水亲油，即水不能浸润它，而油可以浸润。所以，石墨烯气凝胶不会吸收水，只能吸收油，而且吸附量大、吸附速度快。

如果用石墨烯气凝胶制造防雾霾口罩，效果也会很好。

石墨烯气凝胶和海绵一样，有很好的弹性，所以吸附污染物后，可以把它们挤压出去，然后重新使用。

（5）海水淡化

海水淡化是目前人们很感兴趣的一个研究方向，具有重要的应用价值。但是它的难度特别高，很难达到预想的要求。

有的研究者提出，可以用石墨烯气凝胶进行海水淡化。主要是需要控制气凝胶内部孔隙的尺寸，让淡水可以通过，而其它的有害成分则被阻拦住。如图 9-8 所示。

（6）其它应用

石墨烯气凝胶还可以作为催化剂载体，负载更多的催化剂，提高化学反应

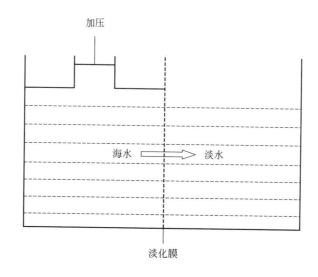

图 9-8　海水淡化

的效率。

也可以利用石墨烯气凝胶作为储能材料及隔热、隔声材料等。

3. 石墨烯气凝胶的制备方法

制造石墨烯气凝胶的方法比较多，比如有一种冷冻法，先把石墨烯和碳纳米管放入水里，制备水溶液，然后把温度降低到 0℃ 以下，让水发生冷冻，成为冰；然后把干燥室抽成真空，进行加热，这时候，冰会发生升华，直接转变成水蒸气；除去水蒸气后，就得到了石墨烯和碳纳米管组成的气凝胶。

另一种方法是把氧化石墨烯粉末放进水里，然后进行超声振荡，让氧化石墨烯在水里分散均匀；把水溶液加热到 90～200℃，保持一定的时间，得到氧化石墨烯水凝胶；把氧化石墨烯水凝胶放入氨水里，浸泡一段时间；最后进行冷冻干燥，就能得到氧化石墨烯气凝胶。用这种方法制备的气凝胶的优点是强度比较高。

三、用石墨烯进行水制氢

氢能是一种高效能源，而且对环境没有污染，具有很好的发展前景。长期以来，科学家一直在试图通过分解水制造氢气，因为水的成本低，但是效果一直不理想。

有的研究者发现，石墨烯具有比较好的光催化性，可以作为催化剂，在阳光的照射下分解水，从而制备氢气。

四、氢气的保险箱——储氢材料

如前所述，氢气是一种很好的能源材料，但是，氢气的化学性质很活泼，所以存储很困难，容易发生燃烧、爆炸等安全事故。

目前，人们一般用钢瓶储存氢气，但是使用和运输都很不方便。所以，长期以来，人们一直在研究新型的储氢材料。

有的研究者提出，可以用石墨烯储存氢气，因为石墨烯可以吸附氢气分子。

但是，纯石墨烯的储氢能力很有限。为了提高石墨烯的储氢能力，研究者提出了很多措施，比如，有人发现，在石墨烯里掺杂一些其它元素后，比如锂、钙、钛、镍等，可以提高储氢容量。比如，掺杂锂元素后，石墨烯的储氢量可以达到它自身重量的 7.8%。

有的研究者在石墨烯里掺杂了钯纳米颗粒，然后和活性炭混合起来，作为储氢材料。

有的研究者先制备了多孔石墨烯，然后掺杂锂元素，发现它的储氢量可以达到自身重量的 12%。

有的研究者通过制备特殊结构的石墨烯提高储氢性能。比如，有的研究者用石墨烯和碳纳米管制备了三维结构，如第五章中的图 5-4 所示，研究者发现，这种结构的储氢能力很好。

美国莱斯大学的研究者用计算机设计了一种类似的结构——石墨烯-氮化硼三维结构。研究者介绍，这种材料也是一种很好的储氢材料，储氢量大，而且整个结构的力学性能很好，强度、韧性都很高，而且弹性很好。

研究者发现，如果向这种材料里掺杂氧或锂元素，它的储氢性能会进一步提高。

中国科学技术大学的研究者设计了一种"三明治"结构的石墨烯材料，它包括三层：上、下两层是用化学官能团修饰的石墨烯，中间一层是碳氮材料。如图 9-9 所示。

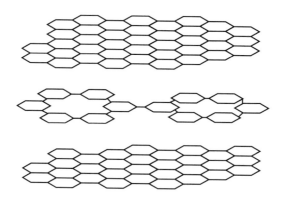

图 9-9　石墨烯三明治结构

　　这种材料的特点是可以利用太阳光分解水制造氢气，同时把氢气储存起来。具体原理是：上、下层的石墨烯吸收太阳光，产生正、负电荷，正、负电荷会分别聚集在外层的石墨烯和中间的碳氮材料上。如果外层的石墨烯上有水，水和正电荷发生反应，会发生分解，产生质子。质子的体积很小，可以穿过石墨烯的孔隙。质子受到中间的碳氮材料上的负电荷（即电子）的吸引，会穿过石墨烯，和碳氮材料上的电子结合，形成氢气。氢气不能穿过石墨烯，所以就被储存在内部。而外界的氧气、羟基（—OH）等物质也不能穿过石墨烯进入内部，所以氢气就很安全，不会和它们发生化学反应。

　　所以，这种结构巧妙地实现了制氢和储氢的一体化，而且安全性很高。

第四节　石墨烯在医疗领域的应用

　　石墨烯在医疗领域也有很好的应用前景。

一、药物输送载体

　　在治疗疾病时，需要把药物快速、准确地输送到病变部位。药物输送载体就相当于一艘运输船，能把药物送到病变部位。性能好的载体能把药物准确地送到病变部位，实现精准治疗，疗效快，而且不会对其它的正常组织造成损害。

石墨烯的比表面积比较大，而且对人体无毒无害，所以人们认为，它适合作为药物输送的载体。

但是前面提到过，石墨烯具有疏水性，不容易溶解在水里，所以，有的研究者先用聚乙二醇等物质对石墨烯进行修饰，这样，它就可以溶解在水里，而且分散均匀、稳定，不会聚集。然后，他们把一种抗肿瘤药物负载到石墨烯上，石墨烯就可以输送它了。测试结果表明，石墨烯对这种药物的负载量很大，远远高于其它的载体。

负载量是药物载体的一个重要性能，另外，药物载体还有一个性能也很重要，就是当它把药物输送到病变部位后，应该迅速把药物释放出去。研究者也研究了这一点，他们发现，溶液的 pH 值会影响石墨烯和药物之间的结合力，也就是说，当溶液的 pH 值不同时，石墨烯和药物的结合力也不一样：在中性条件下，石墨烯的负载量最大，但释放量最小；在碱性条件下，负载量会降低，而释放量会增加；在酸性条件下，负载量最低，但释放量最高。

所以，可以通过调整溶液的 pH 值，控制石墨烯对药物的负载和释放。比如，在开始时，让溶液是中性状态，这样，石墨烯会负载大量的药物；它们到达病变部位后，让溶液成为酸性状态，石墨烯就会把药物释放出来，进行治疗。

另外，研究者还研究了石墨烯药物载体的靶向性。靶向性就是指药物载体是否能负载着药物有目的地向病变部位运动。如果靶向性不好，载体就会像无头苍蝇一样运动，最终可能会把药物输送到不需要的位置，那样就会出现多个问题：首先，病变部位得不到治疗或得不到充分的治疗；其次，浪费了药物；还有一个缺点，就是正常部位的组织在药物的作用下，有可能受到损害。

如果载体的靶向性好，就可以有的放矢，把药物准确地输送到病变部位，实现精准治疗。

有的研究者为了让石墨烯载体具有较好的靶向性，他们用四氧化三铁微粒修饰了石墨烯。四氧化三铁微粒是一种磁性材料，所以，这种石墨烯载体可以在磁场的作用下进行定向运动，这样，就可以用磁场控制载体的运动方向了，让它最终到达病变部位。

二、石墨烯抗菌药物

我国的研究者发现了一种现象：大肠杆菌的细胞不能在石墨烯氧化物上生长，但人体细胞却可以。这说明，石墨烯氧化物可以抑制大肠杆菌的生长。研究者还在研究石墨烯氧化物对其它细菌的影响，假如发现它具有更广泛的抗菌性，就可以用它制造抗菌药物或绷带等医疗用品了。甚至可以制造日常生活用品，比如食品的包装材料、抗菌餐具、抗菌服装等。

三、疾病诊断

研究者发现，如果把细胞放到石墨烯的表面，细胞会影响石墨烯的原子振动情况。而且石墨烯对细胞的种类很敏感，细胞的种类不同，石墨烯的原子振动情况也不相同。所以，美国伊利诺伊大学芝加哥分校的研究者利用这种性质进行疾病诊断，用石墨烯来检测患者体内是否有癌细胞，因为癌细胞对石墨烯的原子振动的影响和正常细胞不一样。研究者先把正常细胞放在石墨烯的表面，然后用一种叫激光拉曼光谱仪的仪器测试出石墨烯的原子振动能量；然后再把未知细胞放在石墨烯的表面，测出石墨烯的原子振动能量。两者进行比较，就可以判断出未知细胞是否是癌细胞。

研究者介绍说，用石墨烯进行癌细胞的检测，灵敏度很高，特别适合进行早期癌症的诊断，从而能及时发现病情，尽早进行治疗。而且这种技术属于无创检测，对患者没有伤害。

另外，这种技术也可以推广应用于其它病变细胞的检测，所以应用领域有望进一步扩大。

四、人造器官

美国莱斯大学的研究者用石墨烯制造了人造器官。他们用放电等离子体烧结技术制造了一种多孔石墨烯材料，这种材料可以作为骨植入材料，用于人体骨骼的修复、支撑和固定等。

研究者测试了这种材料的性能，结果表明，它的很多性能都优于传统的骨植入材料。比如，强度和韧性都更高，不容易发生破坏；密度低、重量轻——密度只是钛合金的四分之一；有良好的生物相容性，对人体无毒无害。

　　我国的科学家和美国哈佛大学的科学家合作，用石墨烯研制了动物心肌细胞的人造突触。突触是神经细胞之间传递信息的结构。如果突触受到损伤，会影响神经细胞之间传递信息，所以会造成神经方面的障碍或疾病。人造突触可以用于治疗这方面的疾病。

　　另外，人造突触还可以用于电子领域，让机器人具有人一样的感觉和反应能力。

五、石墨烯注射器

　　有的研究者提出，可以用石墨烯制造微型注射器，它可以只刺透病变细胞，把药物注射进去，而不会伤害旁边的正常细胞，从而实现"精准治疗"。

第十章

巧夺天工
——石墨烯的制造方法

由于石墨烯在多个领域中具有巨大的潜在应用价值，未来对石墨烯的需求量会很大。但是石墨烯并不是唾手可得的，需要使用专业技术才能制备出来，而且在很多时候，得到的石墨烯的质量、效率、成本都不令人满意。所以，目前，石墨烯的制备方法是一个重要的研究领域。

经过十几年的发展，人们研究了一些不同的制备方法，它们各具特色，有的设计得特别巧妙，可以说是"巧夺天工"。总的来说，这些方法分为两大类：物理法和化学法。物理法包括微机械剥离法、液相或气相直接剥离法、取向附生法等，化学法包括外延生长法、氧化-还原法、化学气相沉积法、溶剂热法等。

在这一章，我们就对其中典型的方法进行介绍。

第一节　微机械剥离法

微机械剥离法是利用较小的机械力，把石墨烯片从石墨上剥离出来。常见的方法包括胶带剥离法和微摩擦法等。

一、胶带剥离法

2004 年，海姆和康斯坦丁第一次成功地制备出石墨烯时，就是使用的这种方法。他们把一块石墨粘在一片玻璃基底上，用一片胶带粘住石墨，再撕下来，这样，玻璃基底上的石墨就变薄了；然后，再用一块胶带粘住石墨，再撕下来，于是，基底上的石墨就更薄了……这样重复撕下去，最后，在玻璃基底上的石墨里，就存在单层的石墨烯。他们把玻璃基底放入丙酮溶液里，玻璃基底上的石墨烯和其它石墨片会悬浮在溶液里。他们用单晶硅片收集溶液里的石墨烯和石墨片，再把硅片放入丙酮溶液里进行超声处理，比较厚的石墨片会从硅片上脱离，而石墨烯和硅片的结合力比较好，会吸附在硅片上，用显微镜就可以观察到了。

后来，人们又采用了另一种胶带法。先用胶带粘住一块石墨的表面，撕下来，这样胶带上就有一些比较薄的石墨；然后，把胶带对折起来并压紧，石墨就被夹在两片胶带之间；再把胶带撕开，这样，两部分胶带上的石墨片都更薄了；接着，再用一块新胶带粘住其中一块胶带上的石墨，再撕开，石墨就更薄了……这样反复粘贴、撕开，最后就可以得到单层石墨烯。

二、胶带剥离法的改进

后来，研究者不断对胶带剥离法进行改进，发展出一些新方法。比如，一种方法是先把一片石墨放在一片硅片上，然后把它们加热到 350℃，保持 2 小时，这样，石墨就会和硅片很紧密地结合起来，然后再用胶带不断粘贴石墨并撕开，最后就可以得到单层石墨烯。

另一个研究组开发了一种叫"印章法"的方法。先制造一个像印章一样的工具，在"印章"的表面涂覆一层胶水，用这块"印章"挤压石墨，这样，"印章"表面的胶水就会粘住石墨；然后，把"印章"从石墨上取走，胶水上就会粘上一些石墨烯；最后，把石墨烯转移到其它基底材料上，又可以接着粘更多的石墨烯。如图 10-1 所示。

三、微摩擦法

微摩擦法是利用摩擦作用，把单层石墨烯从石墨上分离出来。常见的方法是把一块石墨放在一种工具材料的表面进行摩擦，在石墨表面或工具表面都会存在石墨烯。

有的研究者开发了一种更精密的摩擦法。他们先从一块石墨上取出一个很

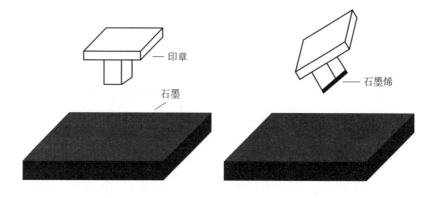

图 10-1　印章法

小的石墨柱，石墨柱的长度和截面积都很小，好像一个铅笔的笔尖一样，所以，研究者把它叫做"纳米铅笔"；然后，把石墨柱放到一台原子力显微镜（AFM）的悬臂上；接着，让悬臂带着石墨柱在一片硅片上摩擦，就好像人们在砂纸上磨铅笔一样，由于石墨柱的体积很小，所以这个摩擦力也很小；最后，通过摩擦作用，在硅片上就可以得到石墨烯。如图 10-2 所示。

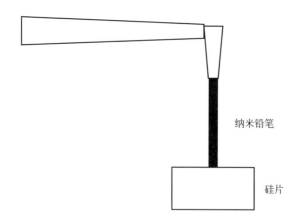

图 10-2　"纳米铅笔"摩擦法

四、球磨剥离法

球磨剥离法是利用球磨的方法，把石墨烯从石墨上剥离出来。

球磨是一种粉磨方法，它是用钢球或陶瓷球等作为工具，把大块的原料磨成粉末，也可以把几种不同的原料粉末混合均匀，在工业生产和科研领域应用很普遍。

球磨使用的设备叫球磨机。球磨机的主体是一个水平的圆筒，在电机的带动下，圆筒可以旋转。圆筒里装了一些钢球或陶瓷球，它们的大小有的相同，有的不同。如图 10-3 所示。

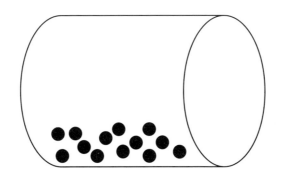

图 10-3　球磨机筒

把要粉磨的原料放入圆筒中，密封，然后打开电源，圆筒开始转动，转动速度并不快，这样，刚开始时，里面的钢球和原料也会附着在圆筒上转动。当到达一定的高度时，由于自身重力的作用，钢球和原料会落下来，钢球落到原料上，对原料起到粉碎和研磨作用。经过一段时间后，原料就会被粉碎成很细的粉末。

球磨法可以对多种材料进行粉磨或混合，在水泥、陶瓷、采矿、玻璃、化工等行业应用广泛。而且既可以进行干式粉磨，也可以进行湿式粉磨，也就是圆筒里可以有水或其它液体溶剂。

球磨剥离法制备石墨烯，就是用石墨粉（或氧化石墨粉、膨胀石墨粉等）作为原料，进行干式粉磨，或把原料放入特定的液态介质里，进行湿式球磨。经过一段时间后，石墨烯会被剥离出来。

这种方法的生产效率比较高，而且可以通过调整工艺参数比如圆筒的转速、球磨时间、液态介质种类等，控制石墨烯的产量和质量，比如层数、尺寸等。

五、微机械剥离法的特点

微机械剥离法有自身的一些特点，包括优点和缺点。

首先，这种方法比较简单，可操作性很强，对设备的要求不是特别高，不需要特别精密、贵重的设备。

其次，这种方法容易制备出高质量的石墨烯，层数可以很少，包括单层石墨烯；而且产物的缺陷较少，结构完整。所以在目前，制备高质量的单层石墨烯时，一般都使用这种方法。

但是，这种方法得到的石墨烯的尺寸比较小，不容易制备大面积的石墨烯。

另外，用这种方法制备石墨烯时，质量和尺寸都不容易控制，不确定性比较大，产物经常"可遇不可求"；而且不同批次的产物，互相之间的质量和尺寸差别比较大，即稳定性比较差。

另外，这种方法的过程比较烦琐，需要的时间较长，所以效率较低、产率较低，这使得产品的成本较高，不适合进行大规模生产。

第二节　外延生长法

外延生长法是在母体材料上，通过晶格的匹配生长而得到新材料的方法。制备石墨烯使用的母体材料主要有碳化硅和金属，所以它们分别称为碳化硅外延生长法和金属催化外延生长法。

一、碳化硅外延生长法

1. 方法

碳化硅外延生长法也叫碳化硅高温分解法。这种方法是用单晶碳化硅为原料，把它装入反应器中，并抽成高真空；然后对单晶碳化硅加热，在 $1200 \sim 1400℃$ 时，碳—硅键会发生断裂，一部分单晶碳化硅发生分解，产生 Si 原子和 C 原子；Si 原子会离开基体表面，而 C 原子会互相结合起来，在单晶碳化硅的表面形成石墨烯。如图 10-4 所示。

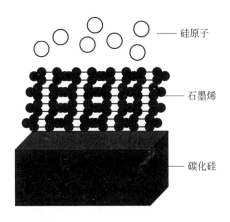

图 10-4 碳化硅外延生长法

2. 特点

这种方法可以制备出单层或少层石墨烯，产物的质量也比较高。性能测试表明，产物的电学性能和光学性能都比较好，而且由于基底是碳化硅，所以很多人认为，用这种方法制备的石墨烯容易和目前的集成电路兼容而获得应用，因为集成电路的材料是硅。所以，这种石墨烯在电子领域的应用潜力很大。

但是这种方法也不容易制备大面积的石墨烯，另外，石墨烯的质量、厚度等都不容易控制。

由于石墨烯和碳化硅的结合很牢固，所以不容易分离出来。

这种方法的制备工艺比较麻烦、条件苛刻，需要高温、高真空，所以对设备的要求很高，能耗也高；使用的原料是单晶 SiC，成本也比较高。

3. 改进方法

为了解决上述问题，有的研究者对碳化硅外延生长法进行了改进。比如在反应过程中，向反应室里充入氩气，这会使单层石墨烯的生长温度提高，所以能够减慢石墨烯的生长速度，容易得到单层或少层石墨烯，而且缺陷少、质量高。但与此同时，研究者也指出，这种方法会带来新的问题：氩气流会冲击碳化硅基体的表面，这样，上面的碳原子容易被冲走，所以不容易形成石墨烯。

二、金属催化外延生长法

这种方法使用金属材料做基底，比如 Pt、Ir、Ru、Cu 等，这些金属具有比较好的催化活性。把反应室抽成高真空，接着向反应室中充入碳氢化合物，比如乙烯；对碳氢化合物加热，在高温时，碳氢化合物在金属的催化作用下，分解为氢和碳；碳原子会在金属基底上形成石墨烯。

这种方法制备的石墨烯多数是单层的，而且厚度均匀，也能得到面积比较大的石墨烯。

第三节　化学气相沉积法

一、化学气相沉积法概述

化学气相沉积法（Chemical Vapor Deposition）简称为 CVD 法，这种方法的道理比较简单：它的原料是气体，在高温下，在反应室里发生化学反应，反应产物沉积到基体表面，得到最终的产品。如图 10-5 所示。

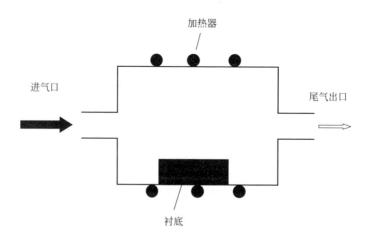

图 10-5　CVD 法示意图

化学气相沉积法在近年来应用很广泛，是一种新技术。这种技术可以精确地控制产物的化学组成，包括元素的种类和各自的含量，所以产物的化学成分的纯度和精度都可以很高，性能也能得到精确控制。

在多数时候，这种方法主要用来制备薄膜材料，但近年来，人们也用这种方法制造块体。比如，最近一两年，有的企业用它制造人造钻石，粒度很大，已经推向市场，在珠宝行业里，这种产品叫 CVD 钻石。

二、化学气相沉积法制造石墨烯

1. 方法

用化学气相沉积法制造石墨烯时，一般使用金属作为基底，包括 Ni、Cu、Ru 等，使用的原料是碳氢化合物，比如甲烷等。先把反应室抽成高真空，然后把原料充进去；对反应室加热，原料在高温下发生分解，产生碳原子和氢，氢被排除掉，碳原子沉积在基底表面形成石墨烯。

韩国的研究者使用镍箔作为基底，甲烷作为原料，把原料加热到 1000℃，得到了单层和多层石墨烯，产物的电学性质和光学性质都很好：电子迁移率高，导电性好，透明度也比较高。

目前，人们更多地使用铜作为基底，这种方法的工艺更加成熟，已经能大规模生产石墨烯。美国的研究者用厚度为 25 微米的铜箔做基底，用甲烷做原料，制备了大面积、高质量的石墨烯薄膜：面积达到了平方厘米级别，而且单层石墨烯的含量达 95% 以上。

2. 改进方法

在 CVD 法中，人们使用的基底多数是刚性的，所以得到的石墨烯的柔韧性不太好。有的研究者用柔韧性较好的铜网做基底，制备了柔韧性比较好的石墨烯，这种产物可以用来制备柔性传感器。我国清华大学的研究者用这种方法制备了用于纺织品的石墨烯，把这种石墨烯加入其它材料中，制造成纺织材料，这种材料有很好的柔韧性和强度，不容易破坏。

在多数方法中，都需要把原料加热到 1000℃ 左右，条件比较苛刻，而且对设备的要求比较高。于是，有的研究者采用了一种叫微波等离子体化学气相沉积的方法。这种方法是在反应室的外部安装一个微波发生器，它产生的微波进入反应器里，在微波的作用下，气源（如氢气）的分子会发生电离，产生等离子体，等离子体具有比较高的能量，可以使原料气体（如甲烷）发生分解，产生碳原子，形成石墨烯。所以，这种方法不需要加热到太高的温度，可以在较低的温度下进行。

研究者用铜箔作为基底，在 300℃ 左右的温度下，就制备出了石墨烯薄膜。

这种方法的核心是等离子体，关于它，我们经常听说，比如等离子体电视、等离子体切割、等离子体烫发等。等离子体到底是什么意思呢？

说起来并不难。等离子体可以说是电离了的"气体"——气体发生电离后，产生离子和电子。离子、电子和没有电离的原子或分子组成的混合物就叫等离子体，这种混合物是气态的，但是它和普通的气体不一样——它具有导电性。而且在等离子体里，正、负电荷的总数相等，总体上是中性的，所以被称为"等离子体"。

由于等离子体的性质和固、液、气都不一样，所以被认为是物质的第四态。它可以分为三种类型，每种类型的性质都不同，应用领域也不一样。

① 高温高压等离子体。这种等离子体是气体完全发生电离形成的，温度能达到几亿摄氏度。太阳表面就有大量的高温高压等离子体，另外，在核反应过程中也会产生这种等离子体。

② 高温低压等离子体。当气体发生部分电离时（一般在 1% 以上），会产生这种等离子体，它的温度能达到几万摄氏度。

这种等离子体的应用范围很广泛，比如可以切割很厚的钢板，速度很快，效率很高；也可以用于冶炼一些熔点高的材料，比如钨、锆、钛、钽、铌等；还可以用等离子体在工件表面喷涂一层熔点高、硬度高，耐热性、耐磨性和耐腐蚀性好的涂层。在军事领域中，等离子体是一种高能束武器，俄罗斯等国家还利用它开发了等离子体隐身技术。

③ 低温低压等离子体。当气体的电离度在 1% 以下时，产生的等离子体的温度只有一两百摄氏度，这叫低温低压等离子体。

低温低压等离子体可以用于医疗、烫发等行业。另外，等离子体电视也利用了这种类型的等离子体。这种电视屏幕由大量的密封的等离子体管组成，每个等离子体管的内部充填着惰性气体氖和氙，两端有两个电极，通过电极对等离子体管施加电压后，管内的气体被电离，产生低温低压等离子体，等离子体会放电，产生紫外线，紫外线激发电视屏幕上的红、绿、蓝荧光粉，让它们发出不同颜色的光，从而产生电视图像。所以，在等离子体电视里，每个等离子体管就是一个像素。

3. 机制

研究者分析了石墨烯在镍基底上的形成机制，提出了"沉积-偏析机制"。在高温下，原料发生分解后，产生碳原子，碳原子的活动能力比较强，会向镍的晶格里渗透，镍的晶格可以容纳很多碳原子；当温度降低时，碳原子在镍的晶格里的溶解度会降低，于是，有的碳原子会从镍的晶格里析出来，在镍的表面形成一层石墨烯。

研究者发现，用铜制备石墨烯的微观机制和镍不一样，属于"表面生长机制"。因为铜的晶格不能容纳太多的碳原子，所以原料在高温下分解出的碳原子多数不能进入铜的晶格内部，只是吸附在铜的表面，互相结合并生长，形成石墨烯。

4. 影响因素

用化学气相沉积法制备石墨烯时，很多因素都会影响石墨烯的质量、尺寸等。具体包括以下几个方面：

（1）基底

有的研究者分别用单晶镍和多晶镍做基底，发现用单晶镍制备的石墨烯的质量更好。

和镍相比，人们发现，用铜做基底，更容易得到均匀的单层石墨烯。

有的研究者使用非金属材料做基底制备石墨烯。比如在石英表面镀一层铜薄膜，在石英和铜薄膜的界面处会形成石墨烯。有人在硅、二氧化硅表面镀一层镍薄膜制备石墨烯。

还有的研究者用硅做基底，利用微波等离子体化学气相沉积法制备了石墨烯。也有人用玻璃做基底制备了石墨烯。

但是，总的来说，用非金属材料做基底，制备的石墨烯的缺陷较多，产率也比较低。

（2）原料种类

普通的化学气相沉积使用的原料是气体，操作不太方便，而且成本比较高，所以有的研究者使用液态原料，如苯、正己烷、乙醇等，它们在高温下也会分解产生碳原子，而且形成的石墨烯质量更好。另外，如果使用带有含氧官能团的物质，如乙醇，更容易发生分解，产生碳原子，形成石墨烯。有的研究者使用液态苯做原料、铜箔做基底，在300℃就形成了石墨烯。所以，液体原料有自己的优点。

液态原料的缺点是挥发产生的气体的浓度不容易控制，所以石墨烯的形成不容易控制。

也有的研究者使用了固态原料，比如聚甲基丙烯酸甲酯和蔗糖，同时使用氩气和氢气做保护气体，最后得到了单层石墨烯。

（3）工艺参数

制备工艺参数，如生长温度、生长时间、气体的流量、压强等都会影响石墨烯的形成。

生长温度：研究者发现，加热温度低于850℃时，不能形成石墨烯；只有高于850℃时，才能形成石墨烯；在一定的温度范围内，温度越高，单层石墨烯的含量越多，而且缺陷越少，比如，在1000℃时形成的石墨烯的质量优于900℃形成的石墨烯。

生长时间：研究者发现，要得到完整的石墨烯薄膜，需要一定的生长时间，比如，在1000℃时，需要30分钟才能形成完整的石墨烯薄膜。

但是生长时间不能太长，因为时间长了后，石墨烯的厚度会增加，单层石墨烯的比例会降低。

（4）综合因素

有的研究者研究了多个因素的综合作用，比如，结果表明，用镍做基底时，原料中加入较多的氢气而且加热温度较高、生长时间较短时，容易得到单层石墨烯。

有的研究者用液态的正己烷为原料，同时使用铜、镍、锌组成的合金为基底，得到了单层石墨烯，而且质量很好。研究者认为，合金基底材料综合了多种金属基底的优点，产生了良好的协同效应，原料更容易分解产生碳原子，碳原子也更容易吸附在基底表面，互相结合形成高质量的单层石墨烯。

5. 特点

和其它方法相比，CVD法制备石墨烯有几个独特的优点：

① 容易得到高质量的石墨烯。石墨烯的层数可以很少，比如单层石墨烯。另外石墨烯的缺陷少。所以，用 CVD 法制备的石墨烯具有优异的性能，比如高导电性、高透明度。所以这种方法很适合制造电子领域使用的高质量石墨烯薄膜。

② 适合制备大尺寸的石墨烯薄膜。比如，有的研究者用甲烷为原料，用铜箔为基底，制备出厘米尺度的石墨烯薄膜；韩国三星公司甚至制备出了对角长度为 30 英寸（显示器使用的尺寸表示方法）的单层石墨烯。

③ 适合进行大规模生产。CVD 法容易进行连续化生产，所以，目前它是工业化大规模制备石墨烯薄膜的主要方法。

④ 用 CVD 法制备的石墨烯容易和基底分离。如果基底材料是金属，可以采用化学方法将金属腐蚀，从而得到石墨烯。

但是，CVD 法也有一些缺点，主要包括如下。

① 需要使用专门的设备，而且工艺比较复杂，产品的影响因素较多。

② 生产成本较高。如果用镍做基底，价格比较昂贵，所以目前人们倾向于使用铜做基底。

第四节　氧化-还原法

氧化-还原法是通过对石墨进行氧化和还原制备石墨烯的方法。

一、方法

1. 以普通石墨或膨胀石墨为原料

2. 加入强氧化剂和强酸，对石墨进行氧化和插层

① 强氧化剂可以氧化普通石墨，使石墨片上形成一些含氧官能团，如羰基、羧基等，这种产物叫做氧化石墨。强氧化剂一般使用高锰酸钾或氯酸钾等。

氧化石墨由于带有官能团，所以层间距比石墨要大，一般是 0.7 ～ 1.2 纳米，而石墨的层间距只有 0.335 纳米。

② 插层：由于氧化石墨的层间距比较大，所以强酸分子会插入氧化石墨层之间。使用的强酸一般有浓硫酸、浓硝酸等。

总之，氧化和插层可以大大削弱石墨层互相之间的吸引力。

3. 氧化石墨的剥离

氧化石墨的剥离有不同的方法。

① 超声剥离。把插层后的氧化石墨放入溶剂里，进行超声处理。在超声波的作用下，溶液里会产生大量特别微小的气泡，这些小气泡不断地形成、生长、破裂，在破裂时会在瞬间产生高压，冲击氧化石墨。经过一段时间后，氧化石墨就会一片片地分离、散开，得到的产物是单层的物质，叫氧化石墨烯。超声波产生的这种现象叫"空化"。

② 加热法。也可以对氧化石墨进行加热，这样，它们带着的那些含氧基团会发生分解，生成二氧化碳和水蒸气。这些气体会使氧化石墨发生膨胀，体积会变为原来的几十倍甚至几百倍，从而发生剥离，得到氧化石墨烯。

4. 氧化石墨烯的还原

使用还原剂，把氧化石墨烯还原，去除含有的含氧官能团，最后就能得到石墨烯。

整个氧化-还原法的流程图如图 10-6 所示。

在还原过程中，石墨烯容易发生聚集，为了避免这种情况，有的研究者在溶液里加入了聚苯乙烯磺酸钠（PSS）。PSS 和石墨烯的结合力比较强，容易吸附在石墨烯表面，从而阻止石墨烯发生聚集。

二、影响因素

氧化-还原法制备石墨烯的工艺过程比较复杂，步骤比较多。在整个过程中，很多因素都会影响最终的石墨烯的质量和产率。

1. 氧化石墨的制备

氧化石墨的质量对氧化石墨烯、石墨烯的质量都有重要的影响。研究发现，反应温度、反应时间和氧化剂的用量都会影响氧化石墨的产率和质量。

2. 氧化石墨烯的还原

还原氧化石墨烯经常使用化学还原法。这种方法可以使用多种类型的还原

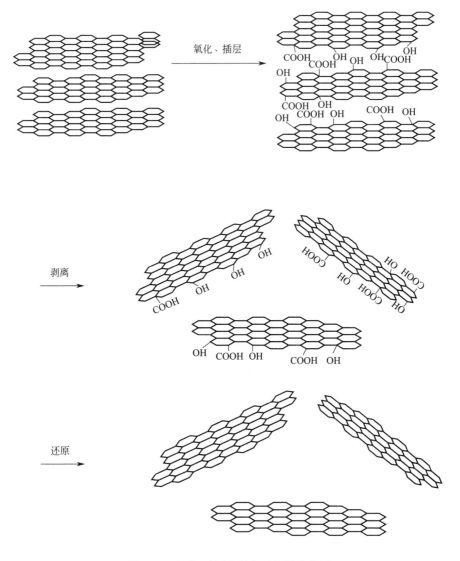

图 10-6　氧化-还原法制备石墨烯流程图

剂，人们发现，还原剂的种类会影响石墨烯的质量和产率。

比如，人们发现，水合肼的还原效果比较好，而且价格较低。研究发现，水合肼的用量、反应温度、反应时间和溶液的 pH 值都会影响还原效果。其中，pH 值对石墨烯的稳定性影响比较大。如果 pH 值不合适，石墨烯会发生聚集，对 pH 值进行调整后，石墨烯片之间会产生较强的静电斥力，从而不容易发生聚集。

水合肼的最大缺点是有毒，所以不适合大规模使用。

硼氢化钠是一种性能很好的还原剂，没有毒性，在化学领域里应用很广泛，用它制备的石墨烯的质量比较好，所以目前使用很普遍。

有的研究者还使用了其它的还原剂，比如对苯二酚、甲醇、乙醇等，和水合肼相比，这些材料的毒性都比较低。

有的研究者使用金属做还原剂，它们的优点是反应时间很短。比如，用铝粉作为还原剂，只需要 30 分钟；用锌粉做还原剂，只需要 1 分钟。

还有的研究者使用天然生物材料做还原剂，比如维生素 C、葡萄糖、果糖、壳聚糖等，它们的优点是无毒无害。

除了化学还原法之外，人们还使用其他方法还原氧化石墨烯，比如电化学还原、热还原、等离子体还原、微波还原、光照还原等。

还有的研究者不使用还原法，而是用电弧放电法剥离氧化石墨，在剥离过程中能同时去除含氧基团，得到石墨烯。

三、特点

氧化-还原法的优点如下。

① 工艺比较简单，在常温下进行，对设备的要求也不高，所以容易实施，而且成本低。

② 制备周期短、效率高，适合进行大规模制备。目前，很多企业都用这种方法批量生产石墨烯。

③ 这种方法可以得到稳定的石墨烯悬浮液。

④ 这种方法的中间产物——氧化石墨烯，也是一种性能优异、前景很好的新材料，在后面的内容中还会介绍。

但是这种方法也有缺点。

① 很多时候，强酸分子在插层时效果不好，不容易得到单层石墨烯，一般得到的都是多层石墨烯。

② 这种方法制备的石墨烯的结构一般不完美。比如在氧化过程中，有的石墨的六元环结构会受到破坏；在还原氧化石墨烯时，反应进行得不充分，还原不彻底，使得石墨烯表面仍会残留一些基团，这使得它们容易发生团聚。最

终，使得性能和理想的石墨烯经常有较大的差距。

第五节 其它方法

上面介绍的四种方法是目前比较常见的方法。除了它们之外，还有其它的一些方法。

一、液相剥离法

液相剥离法也叫溶剂剥离法，它是把石墨放入合适的溶剂里，形成分散液。一般加入的石墨比较少，分散液的浓度较低。然后，对分散液进行超声处理，超声波会使石墨层之间的结合力减小，从而间隙变大。这样，溶剂分子会插入石墨层的间隙里，最后，石墨就被剥离，得到石墨烯。

为了提高制备石墨烯的效果，人们采取了多种措施：

1. 用酸或有机物做插层剂

插入一段时间后，对分散液进行加热或用微波进行辐照，让插层剂分子发生分解，产生水蒸气或其它的气态物质，这些产物的体积比较大，产生膨胀作用，从而使石墨层之间的作用力大大降低；然后再进行超声剥离，会提高石墨的剥离效果，更容易得到石墨烯。

2. 添加辅助材料

为了提高剥离效果，有的研究者在分散液里添加了辅助材料。比如，其中一项研究是使用二甲基亚砜做溶剂，同时加入一些柠檬酸钠，结果发现，石墨烯的产率明显提高了。另一项研究是用樟脑磺酸做溶剂，加入一定量的双氧水，也收到了很好的效果。研究者认为，辅助材料的作用是可以增加石墨片层的间距。

3. 使用表面活性剂

液相剥离法制备石墨烯一般使用的溶剂是有机物，因为石墨容易分散在里面。但是，这种溶剂的种类比较少，多数都有毒，而且价格比较高。

为了克服有机溶剂的缺点，人们就用水做溶剂，但是石墨不能均匀地分散在水里。为了解决这个问题，人们就在水里加入了表面活性剂。比如，有一项研究，在水里加入了十二烷基苯磺酸钠，制备出了五层以下的石墨烯；另一项研究在水里加入胆酸钠，也制备出了石墨烯，而且单层的比例很高。

4. 加入离子液体

石墨烯被制备出来后，经常发生团聚。为了解决这个问题，有的研究者在分散液里加入了离子液体，它可以使石墨烯保持稳定，不发生团聚，所以离子液体是一种很好的稳定剂。

笔者查到的资料里没有介绍离子液体的作用的原理。笔者认为，这应该和离子液体的组成有关：它完全由离子构成，这些离子会吸附在石墨烯表面，可以克服石墨烯相互之间的静电吸引作用，从而能阻止石墨烯发生团聚。

5. 液相剥离膨胀石墨

液相剥离石墨的难度仍比较高，因为石墨的层间距很小。所以有人提出，用膨胀石墨取代石墨，剥离的难度就降低了，石墨烯的质量和产率都会提高。因为膨胀石墨的层间距比石墨大得多。

另外，资料里介绍，膨胀石墨可以用水做溶剂，这也是一个很明显的优点。

总的来说，液相剥离法制备石墨烯，产物的质量比较好，结构完整、杂质少；工艺比较简单，而且对设备的要求不高，容易实施。缺点是制备的石墨烯的层数较多，不容易得到单层的石墨烯；石墨烯的尺寸也比较小；生产效率也比较低，不容易进行大规模生产。

二、切割碳纳米管法

这种方法的思路比较奇特。它是用另一种新材料——碳纳米管为原料，用浓硫酸和高锰酸钾进行处理，利用它们的强氧化作用，破坏碳纳米管的碳碳键，把碳纳米管切割开，得到石墨烯。如图 10-7 所示。

还有人提出，可以用激光或等离子体直接把碳纳米管切开，得到石墨烯。

三、取向附生法

这种方法的步骤如下。

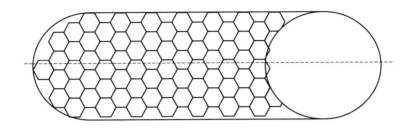

图 10-7 切割碳纳米管法

① 使用一种叫钌的稀有金属做基底。

② 把钌放在反应室里，将反应室抽成高真空。

③ 向反应室里充入含碳的气体。

④ 对含碳气体加热。在 1100℃左右，气体发生分解，产生碳原子，碳原子会渗透到钌的晶格里。

⑤ 降低温度，到达 850℃后，钌的晶格里的碳原子会析出来，到达钌的表面，并且互相结合，形成石墨烯。

整个过程如图 10-8 所示。

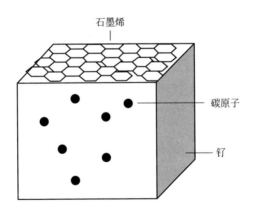

图 10-8 取向附生法

用这种方法有可能得到多层石墨烯。因为形成单层石墨烯后，如果晶格里的碳原子继续析出，石墨烯的层数就会增加。而且在基底的不同位置，石墨烯的层数不相同，所以厚度不均匀。

四、电化学法

这种方法是用两个纯度很高的石墨棒做电极，放入电解液中。通电后，就可以制备石墨烯。具体有两条途径。

第一条途径：在电场作用下，电解液里的阳离子向阴极运动，同时，电解液里的水发生电解，在阴极会产生氢气；阳离子和氢气分子都进入阴极石墨棒的层间，起到插层作用，使石墨剥离，得到石墨烯。如图10-9所示。

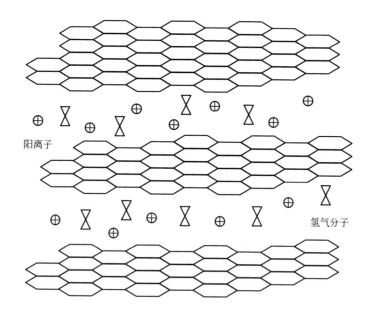

图 10-9　阴极石墨棒插层法

第二条途径：电解液里的阴离子向阳极运动，同时，阳极表面有氧气生成，阴离子和氧气都进入阳极石墨棒的内部，起到插层和氧化作用。最终，石墨发生剥离，产生石墨烯和氧化石墨烯。采用一定的方法把氧化石墨烯还原，就可以得到石墨烯。如图10-10所示。

五、电弧放电法

这种方法是用石墨制造两个电极，两者间的距离很近；先把放电室抽成高真空，然后充入氢气、空气、氦气等气体；对两个电极施加电压，电极表

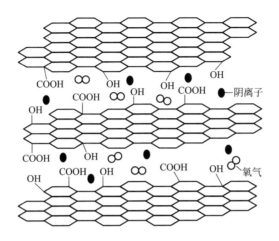

图 10-10　阳极石墨棒氧化-还原法

面就会产生电弧放电，产生高温，可以达 4000℃ 左右；在高温下，石墨棒会发生气化，并且产生等离子体；在高温和等离子体的作用下，一方面，石墨棒会发生剥离，产生石墨烯，另一方面，气化的碳原子也会互相结合，形成石墨烯。

这种方法工艺比较简单，在实验室中比较常用。但是这种方法得到的产物比较复杂，除了石墨烯外，还会有碳纳米管、富勒烯、无定型碳等，所以纯度比较低，需要进行提纯。另外，这种方法的耗电量比较大，导致成本较高。

利用这种方法，可以在石墨烯里掺杂其它的元素。比如，有的研究者在放电室里充入氨气和氦气，制备了掺杂氮元素的石墨烯。另一个研究组在石墨粉里加入一些三氧化二铁，然后制造成阳极，最后制备了掺杂铁的石墨烯。

六、氧化减薄石墨片法

这种方法是用石墨做原料，对它进行加热，使它发生氧化，得到石墨烯。在加热过程中，最外层的石墨先发生氧化，变为二氧化碳气体，这样，石墨就变薄了；然后下一层的石墨继续发生氧化，石墨变得更薄……这样，石墨越来越薄，最后剩下石墨烯。

七、超薄切片法

有的研究者指出，聚丙烯腈基碳纤维是由很多条石墨烯条带组成的，如图 10-11 所示。

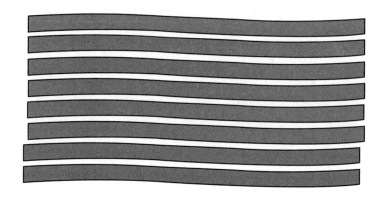

图 10-11　超薄切片法

这些石墨烯条带的宽度只有 5～7 纳米，长度是几百纳米。所以，把这些条带分离或切开，就可以得到石墨烯。

八、苯取代法

人们都知道，苯和它的衍生物也是六元环结构，如第一章中的图 1-3 所示。所以，有的研究者提出，可以用它们做原料，通过化学反应，去除里面的氢元素，并且增加六元环的数量，最终得到石墨烯。

九、氩原子轰击法

有的研究者在微波作用下，用氩原子轰击乙醇的液滴，也得到了石墨烯。

十、氯磺酸溶解法

美国莱斯大学的研究者发现，氯磺酸可以溶解并剥离石墨，形成石墨烯溶液。如果这种技术发展成熟，将会是一种很有前景的大规模制备石墨烯的方法。

近年来，石墨烯的制备方法进展很快，不断出现新方法，除了上面介绍的之外，还有高温高压法、有机合成法、火焰法、爆炸法、离子注入法等。

第六节　石墨烯的转移

在前面介绍的很多方法中，石墨烯被制备出来后，都依附在基底表面，而且和基底的结合很牢固。要想把石墨烯制造成相关的产品，就需要把它从基底上分离、转移走。如果转移方法不当，石墨烯可能会发生破坏或受到基底材料的污染，从而影响它的性能和随后的应用。

所以，石墨烯的转移过程也很重要。目前，石墨烯的转移方法主要有以下几种。

一、腐蚀基底法

这种方法最简单。如果制备的石墨烯附着在基底上，把它们放入腐蚀溶液里，通过化学腐蚀的方法，把基底腐蚀掉，就得到了石墨烯。

腐蚀基底法最大的缺点是基底被腐蚀掉了，所以造成了浪费。尤其是当基底材料是铂、铑等贵重元素时，这个问题就更突出了。

二、胶剥离法

为了克服腐蚀基底法的缺点，有的研究者提出了胶剥离法。这种方法是用胶把基底上的石墨烯粘住，有的种类的胶和石墨烯之间的结合力大于基底和石墨烯的结合力，比如聚乙烯醇。把胶和石墨烯从基底上揭下来，放入专门的溶剂里，把胶溶解掉，就能得到独立的石墨烯。

也可以通过加热等方法，使胶和石墨烯之间的结合力降低，让二者分离，或者胶在高温下分解，也可以得到独立的石墨烯。

胶剥离法不会破坏石墨烯的结构，能够尽可能地保障它的质量和性能。但有时候，石墨烯表面的胶去除不彻底，会对石墨烯造成一定的污染。

三、小分子物质辅助转移

前面提到的胶都是高聚物，有时候会对石墨烯造成污染。有的研究者采用小分子物质转移石墨烯，其中一项研究使用了松香树脂，它和石墨烯之间的结合力比较小，而且容易溶解在有机溶剂里，从而去除比较彻底，不会对石墨烯造成污染。

四、无胶转移

有的研究者开发了无胶转移技术，这种技术主要是利用石墨烯和转移材料之间的静电作用力或界面作用力进行转移，从而避免对石墨烯的污染。

五、卷对卷转移

这种方法主要是针对在金属箔基体上制备的石墨烯。它的思路很新奇，主要包括四个步骤。

第一步，把聚合物薄膜粘到金属箔基体上的石墨烯上。这一步是通过类似于轧钢的两个轧辊实现的：两个轧辊相对旋转，分别把金属箔和聚合物薄膜输入轧辊的间隙里，通过轧辊的挤压作用，聚合物薄膜就牢固地粘到金属箔上的石墨烯上了。

第二步，把金属箔腐蚀掉。这一步同样是利用几个轧辊实现的：轧辊转动，把聚合物薄膜-石墨烯-金属箔向前输送；同时，轧辊下方有一个腐蚀槽，金属箔通过腐蚀槽时，就会被腐蚀掉。所以最后就剩下了石墨烯和高聚物薄膜。

第三步，把石墨烯转移到目标基底上。让石墨烯、聚合物薄膜和目标基底材料通过两个轧辊，把石墨烯和目标基底材料挤压在一起。

第四步，用加热、溶解等方法去除聚合物薄膜。这样，石墨烯就被转移到了目标基底上。

整个过程的示意图如图10-12所示。

这种方法的优点是转移效率很高，可以对大面积的石墨烯进行快速转移，而且能实现机械化和自动化。这种方法可以和石墨烯的制造实现有机结合，比如，可以把CVD法制造的大面积石墨烯及时转移走。据报道，研究者已经用

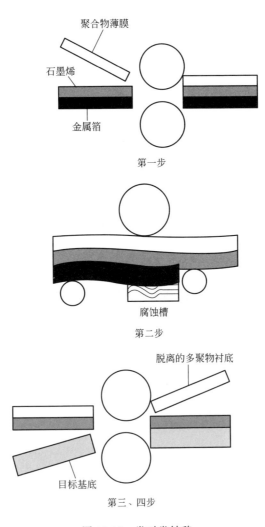

图 10-12　卷对卷转移

这种方法对 30 英寸的石墨烯进行了成功的转移。

第七节　发展趋势

目前，制备石墨烯的方法很多，而且还在不断出现新方法。总的来看，每种方法都有各自的优点，但也存在各自的不足。

石墨烯要得到工业化应用，就需要在制造方法上取得突破，目前看来，理想的制造方法应该具有下面的特点：

① 石墨烯的质量好，比如结构完整、没有缺陷、没有杂质、单层结构。

石墨烯的性能取决于它的质量，所以保证质量是对制备方法提出的第一个要求，也是最重要的要求。

② 石墨烯的纯度高，容易和其它副产物分离。

③ 可以制备大尺寸的石墨烯。

不同的领域对石墨烯尺寸的要求不一样，目前的难题是制备大尺寸、大面积的石墨烯。

④ 生产效率高，能进行大规模生产。

⑤ 制备成本低。

⑥ 技术稳定、可靠。

可以看到，现有的制造方法还不能同时满足上述要求，所以，这是目前制约石墨烯应用的一个重要因素。对研究者来说，这是一个很大的挑战。

第十一章

火眼金睛——石墨烯的检测 I
——化学成分分析

虽然用显微镜可以观察石墨烯的外观，包括很精细的微观结构，但是有时候，其它一些材料的外观和石墨烯很像。前面提到过，有的材料也是层状结构，甚至晶格形状也是六边形的。所以只依靠形貌观察并不能确切地确定是不是石墨烯，也不能评价它的质量。

要对石墨烯进行更准确的鉴定和评价，需要测试样品的化学成分和显微结构。在这一章，我们介绍目前常用的一些测试化学成分的方法。

第一节　能谱仪和波谱仪

上一章介绍过，在扫描电镜里，电子束照射到样品后，会产生多种微粒，其中，背散射电子、特征 X 射线和俄歇电子都和样品的化学成分有关，所以可以通过它们来测试样品的化学成分。

一、能谱仪和波谱仪概述

在这几种微粒里，用得最多的是特征 X 射线。目前，在很多厂家的扫描电镜里，都安装着检测特征 X 射线的探测器，一种叫能谱仪（EDS），一种叫波谱仪（WDS），能谱仪可以测试特征 X 射线的能量，波谱仪可以测试特征 X 射线的波长。

用能谱仪和波谱仪测试样品的化学成分时，检测面积很小，也就是每次只能检测很小的一个点上的化学成分，所以，人们把它们叫做电子探针。其中，能谱仪应用比较多。

用能谱仪测试的结果叫能谱图，如图 11-1 所示。

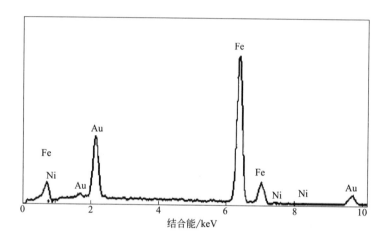

图 11-1　材料的能谱图示例

在能谱图中，横坐标表示 X 射线的特征能量，纵坐标表示 X 射线的强度。理论上说，每种元素都会产生一个强度峰，所以，在谱图里，有几个强度峰就表示有几种元素。但实际上，在测试时经常存在一些误差，使得谱图里经常有一些噪声，所以，有的强度峰并不代表化学元素，另外，有的元素的峰会和别的峰重叠在一起，不容易分辨出来。

每种元素的强度峰的横坐标表示这种元素发出的特征 X 射线的能量，峰的高度表示这种元素的含量。

用能谱仪和波谱仪分析样品的化学成分，可以采用三种方式。

① 点分析：也就是用电子束照射样品表面的某个点，就可以测试出这个点的化学成分，包括定性分析和定量分析。定性分析指分析化学元素的种类，定量分析指分析每种元素的含量。

② 线分析：就是让电子束沿着样品表面的一条直线扫描，这样就可以测试出这条线上的化学成分的分布情况。

③ 面分析：让电子束在样品的某个区域里扫描，可以测出这个面内的化

学成分的分布情况。

二、特点

① 上一章介绍过，特征 X 射线是从样品表面的原子里产生的，所以能谱仪和波谱仪只能检测出样品表面的化学成分，不能检测内部的成分。

所以，这是这种方法的一个局限性。在首饰行业里，有的造假者经常使用镀膜的方法制造贵金属产品，比如金手镯、金项链、金条等，比如在铜、铅等材料的表面镀一层金。这种产品看起来也很漂亮，但是佩戴时间长了后，镀的那层薄膜经常会掉下来，很多人可能都有这种体会。

对这种产品，如果用能谱仪或波谱仪测试，结果显示的是金，好像没有问题。但实际上，这个结果表示的只是表面的化学成分是金，而内部的成分并没有测出来。所以要想了解样品内部的化学成分，还需要使用其它方法。

② 能谱仪和波谱仪各有优缺点。

a. 能谱仪的测试速度比波谱仪快，需要的时间短。因为能谱仪可以同时分析多种元素发出的 X 射线的能量，效率高，波谱仪需要逐个测量每种元素的 X 射线的波长，所以效率比较低。一般情况下，能谱仪只需要 1~2 分钟就可以测试完成，而波谱仪经常需要几十分钟。

前些年，本人在一个扫描电镜实验室遇到一个人，他说要测一件东西。只见他从怀里拿出一个小包，包了好几层绸布，层层剥开后，只见里面是一个金元宝，金黄色的，很漂亮。他说这是祖辈传下来的，现在想测一测，到底是不是金的。实验人员接过去，放入扫描电镜的样品室里，用能谱仪分析。两三分钟之后，显示器上就显示了结果：它的化学成分是铜和锌，没有金。

b. 波谱仪的精度比能谱仪高。用能谱仪测试时，谱峰比较宽，所以不同元素的波峰经常重叠，而且噪声比较多，所以精度较差；波谱仪的峰比较尖锐，精度较高。

c. 波谱仪的灵敏度比能谱仪高，即使某种元素的含量很低，也可以检测出来。

d. 两者的检测范围不同：能谱仪的检测范围较窄，只能检测出原子序数大于 11 的元素，而波谱仪可以检测原子序数大于 4 的元素。

三、在石墨烯里的应用

有的研究者用 EDS 分析了石墨烯的化学成分。他用三种还原剂制备了石墨烯，然后用 EDS 测试了每种石墨烯的化学成分，比较还原剂的效果。结果表明，用无水乙醇做还原剂时，得到的石墨烯里含有比较多的氧元素；用乙二醇做还原剂时，得到的石墨烯里的氧元素也比较多；用水合肼做还原剂时，得到的石墨烯里的氧元素的含量最低。这说明，水合肼的还原效果最好。测试结果如图 11-2 所示。

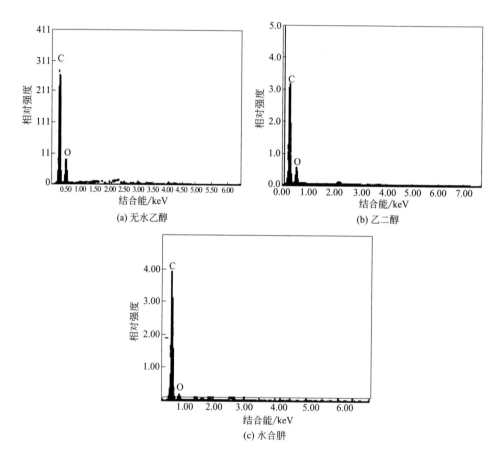

图 11-2　用不同还原剂制备的石墨烯的 EDS 图谱

第二节　X射线光电子能谱（XPS）

一、原理

X射线光电子能谱技术是用X射线照射样品，样品受到激发，会发出光电子，这种光电子叫X射线光电子。

X射线光电子的能量和样品的化学成分即里面的元素种类有关，X射线光电子的数量或强度和元素的含量有关。所以，通过测量样品发射的X射线光电子的能量和强度，就可以测试出样品中包含的化学元素以及每种元素的含量。

X射线光电子能谱的测试结果叫X射线光电子能谱图，如图11-3所示。

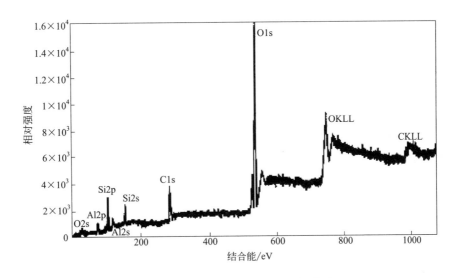

图11-3　某材料的X射线光电子能谱图

在图中，横坐标表示光电子的能量，纵坐标表示光电子的强度。每个强度峰都代表一种元素，峰的强度代表元素的含量。

二、发展史

X射线光电子能谱技术起源于19世纪。1887年，德国物理学家赫兹发现了光电效应，就是有的材料受到光线照射后，电性质会发生变化，比如有的材料会向外发射电子，有的材料的电导率会改变，还有的材料会产生电动势。其中，受到光线照射后，向外发射的电子叫做光电子。如图 11-4 所示。

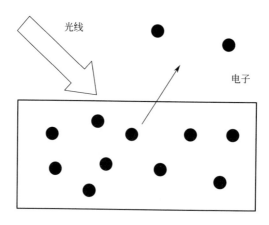

图 11-4　光电效应

1905 年，爱因斯坦很好地解释了光电子现象，因此在 1921 年，获得了诺贝尔物理学奖。

第二次世界大战后，瑞典物理学家凯·西格巴恩在 X 射线光电子能谱领域进行了大量研究，促进了这项技术的应用。1969 年，美国惠普公司和西格巴恩合作，制造了世界上第一台商业化的 X 射线光电子能谱仪。由于在这个领域中做出的突出贡献，西格巴恩获得了 1981 年诺贝尔物理学奖。有趣的是，他的父亲也是一位物理学家，并且获得了 1924 年的诺贝尔物理学奖。父子都获得过诺贝尔奖，这种情况非常罕见。

三、XPS 技术的特点

XPS 技术有以下特点：

① 检测范围广。它可以检测除了 H 和 He 之外的所有元素。

② 分辨率高。不同元素的 XPS 峰很尖锐，互不干扰，所以便于识别。

③ 既可以进行定性分析，也可以进行定量分析。所以，研究者可以利用 XPS 了解样品中包括哪些元素，也可以了解每种元素的含量。

④ XPS 也可以分析样品的化学结构和化学键。

⑤ 灵敏度高。即使某种元素在样品中的含量很低，也可以通过 XPS 检测出来。XPS 的最小检测极限可以达到 10^{-18} 克。

⑥ 由于 XPS 的灵敏度高，所以它需要的样品量可以很少，最少只需要 10^{-8} 克。

四、应用

图 11-5 是某企业生产的单层石墨烯的 XPS 图谱。

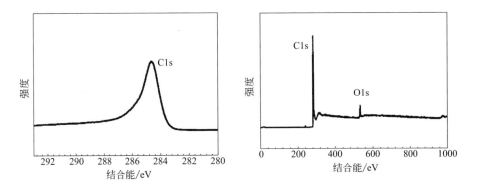

图 11-5　某企业生产的单层石墨烯的 XPS 图谱

图 11-6 是某研究者制备的石墨烯的 XPS 图谱，从中可以分析石墨烯的化学组成情况。

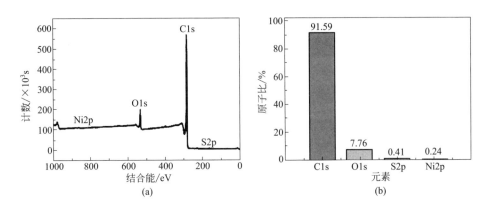

图 11-6

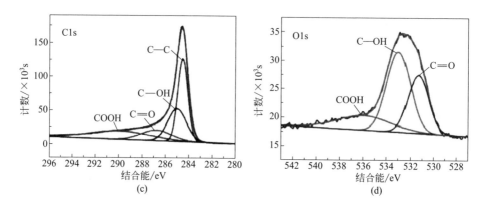

图 11-6　某研究者制备的石墨烯的 XPS 图谱

第三节　X 射线荧光光谱（XRF）

一、原理

　　X 射线荧光光谱技术是用 X 射线照射样品，样品里的原子接收 X 射线的能量，有的内层电子的能量升高，会脱离原子核的束缚，成为自由电子。这样，这些电子原来的位置就空了。有的外层电子会发生跃迁，填补到空位里去。这些电子在跃迁的同时，会发出 X 射线，释放出能量。这种 X 射线叫做 X 射线荧光，也叫荧光 X 射线。

　　1913 年，英国物理学家莫塞莱（H. G. Moseley）发现，荧光 X 射线的波长和元素的原子序数有关，后来，人们把这个现象叫做莫塞莱定律。莫塞莱定律表明：元素的种类不同，释放的荧光 X 射线的波长不同（频率、能量也不同）。所以，荧光 X 射线也属于特征 X 射线。也就是说，荧光 X 射线的能量和波长是特征性的，和元素的种类有一一对应的关系：每种元素释放的荧光 X 射线的能量和波长都是唯一的，和其它元素不一样。所以，如果测试出荧光 X 射线的能量或波长，就可以了解样品里有哪些元素。

　　另外，荧光 X 射线的强度和元素的含量有关系，测出荧光 X 射线的强度，也就能知道元素的含量了。

　　X 射线荧光光谱图如图 11-7 所示。

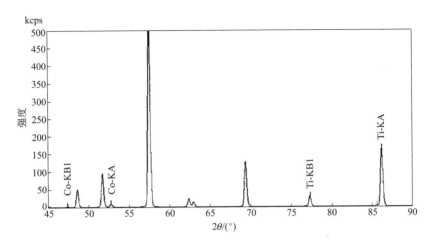

图 11-7 某材料的 X 射线荧光光谱图

二、X 射线荧光分析

利用荧光 X 射线测试样品的化学成分的技术就叫 X 射线荧光分析。X 射线荧光分析包括两种技术：一种是通过测试荧光 X 射线的波长进行，叫做 X 射线荧光光谱法；另一种是通过测试荧光 X 射线的能量进行，叫做 X 射线荧光能谱法。使用的仪器分别叫 X 射线荧光光谱仪和 X 射线荧光能谱仪。

三、特点

X 射线荧光分析的特点如下。

① 灵敏度、精度都很高。即使元素含量很低时，也可以通过这种技术检测出来。比如，有的元素浓度在 $10^{-9} \sim 10^{-7}$ 时，也可以被检测出来。

② 检测范围宽。原子序数在 3（即锂）以上的元素都可以检测。

③ 检测速度快，时间短。每种元素只需要几秒的时间就可以分析出来。

④ 既可以检测化学成分，也可以检测样品的化学结构，如化学键等。

⑤ 不会损坏样品。样品也不需要专门制备，所以使用很方便。

X 射线荧光分析在科研、质检、案件、考古等领域有重要的应用价值。

第四节　红外光谱

一、原理

红外光谱分析是用一束不同波长的红外光照射有机物样品，样品中的官能团或化学键会吸收其中一些波长的红外光。而且，官能团或化学键的种类不一样，吸收的红外光的波长也不一样。所以，如果把被吸收的红外光的波长测出来，就得到了材料的红外光谱图，根据谱图可以了解样品的化学组成和分子结构。这就是红外光谱分析的原理。

在红外光谱图里，横坐标一般是波长或波数，纵坐标一般是吸光度或透光率，表示被吸收或透过的红外光的强度。每个吸收峰代表一种分子结构。比如，图 11-8 是普通水和重水的红外光谱图。

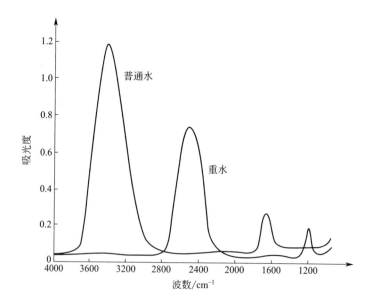

图 11-8　普通水和重水的红外光谱图

图 11-9 是乙醛的红外光谱图。

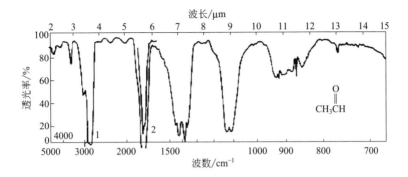

图 11-9 乙醛的红外光谱图

二、红外光谱仪

用红外光谱法进行化学成分分析的仪器是红外光谱仪，红外光谱仪有不同的类型，目前比较先进的是傅里叶变换红外光谱仪（FTIR）。

傅里叶变换红外光谱仪主要由红外光源、干涉仪、样品室、检测器、数据处理系统等组成，如图 11-10 所示。

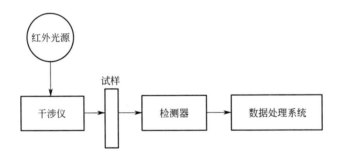

图 11-10 傅里叶变换红外光谱仪的结构

三、特点

红外光谱分析具有以下的特点。

① 可以分析有机物的化学组成和分子结构。

② 可以进行定性分析，也可以进行定量分析。

③ 测试灵敏度高，试样的用量可以很少。

④ 测试速度快。

⑤ 因为红外线的能量比较低，所以在测试过程中，不会损伤样品。

⑥ 应用范围广泛，样品可以是固态，也可以是液态和气态。

四、应用

红外光谱法的应用领域十分广泛，包括材料、化学、化工、食品、环境保护、电子、生物、医学、药学等多个领域。在宝石鉴定中也经常使用这种方法，比如，有的翡翠原料里有很多杂质，有的商家就对它们进行了处理，用酸进行浸蚀，把杂质腐蚀，然后进行注胶，即往被腐蚀的部位充填有机物，这就是 B 货翡翠。可以用红外光谱仪鉴定这种翡翠：如果发现样品的表面有有机物，就说明它可能是 B 货。图 11-11 分别是天然翡翠和 B 货翡翠的红外光谱图。

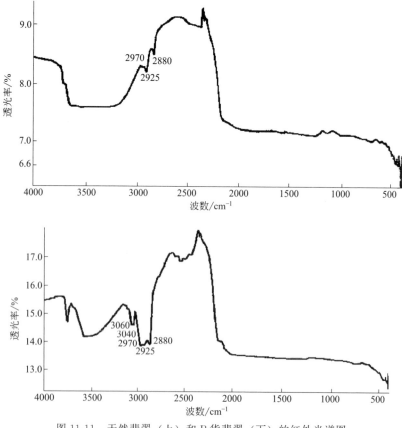

图 11-11　天然翡翠（上）和 B 货翡翠（下）的红外光谱图

通过对比，可以很明显地看出来，B货翡翠和天然翡翠的差别还是比较明显。

研究者也用红外光谱对石墨烯进行了研究，分析石墨烯的化学成分和分子结构，从而判断石墨烯的质量和纯度。

有的研究者用红外光谱法研究了氧化还原法里，还原剂水合肼的用量对制备的石墨烯的质量的影响。图 11-12 是不同用量的水合肼制备的石墨烯的红外光谱图。

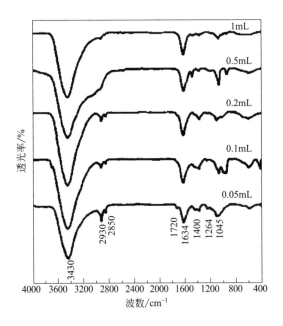

图 11-12　不同用量的水合肼制备的石墨烯的红外光谱图

从图中可以看出：随着水合肼用量的增加，谱图右侧的一些峰越来越小。这说明，那些峰代表的官能团的数量越来越少，表示石墨烯上面的官能团越来越少，石墨烯的质量越来越高。

图 11-13 是研究者测试的氧化石墨烯的红外光谱。

从图中可以看到，经过还原的氧化石墨烯的峰比较平缓，说明其中的含氧官能团的数量减少了。

所以，这些研究都表明，红外光谱可以为提高石墨烯的质量、改进石墨烯的制备工艺提供一定的依据。

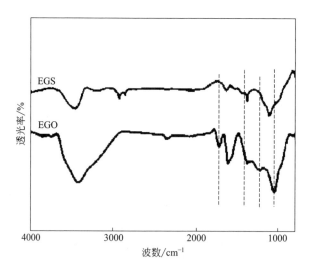

图 11-13 氧化石墨烯的红外光谱

第五节 拉曼光谱

一、原理

拉曼光谱分析法的原理是拉曼散射效应，这种效应是印度科学家拉曼（Raman）发现的。

1. 光的散射

光线在传播过程中，遇到微粒后，有的光线会改变方向，向其它方向传播，这种现象就叫光的散射。

2. 拉曼散射

光的散射有两种类型。一种叫弹性散射，光线发生弹性散射后，散射光的波长或频率、能量不发生变化，和原来一样。

第二种散射类型叫非弹性散射，光线会和微粒发生相互作用，使散射光的波长或频率、能量发生变化，和入射光不一样。这种类型是 1928 年印度科学家拉曼发现的，所以后来被称为拉曼散射或拉曼效应。

拉曼发现拉曼散射的过程对我们也有很大的启发。在儿童类的书籍里，经常提出两个问题：第一个是"天空为什么是蓝色的?"，第二个是"太阳为什么在早晨是红色的，而中午是白色的?"。实际上，在很早以前，无数人就对这两个问题感兴趣。其中，英国有一位物理学家叫瑞利，在 1871 年，他对这两个现象给出了理论解释。太阳光是白色的，但它是由红、橙、黄、绿、蓝、靛、紫七种单色光组成的，它们照射到空气中的水蒸气、氧气、氮气分子和尘埃时，都会发生散射。但是不同光线的散射程度和它们的波长有关系：波长越长的光线，发生的散射越少；波长短的光线，发生的散射多。所以，红色光、橙色光等由于波长比较长，发生的散射少，多数就穿过大气层，传播到地面；而蓝色光、紫色光等的波长比较短，发生的散射多，就停留在空中。同时，人眼对紫色光不敏感，对蓝色光很敏感。所以，人眼就看到天空是蓝色的。

这就是第一个问题的答案。

第二个问题的答案和第一个类似：早晨，太阳光照射进入大气层，而且穿过的大气层比较厚，所以很多蓝色光和紫色光都被散射到空中，而多数红色光和橙色光传播到地面，所以太阳看起来是红色的。

在中午时，虽然太阳光也照射进入大气层，但是光线穿过的大气层比较薄，在大气层里传播的距离比早晨短，所以散射到空中的蓝色光和紫色光不太多，多数蓝色光和紫色光仍然和红色光、橙色光来到了地面，所以太阳看起来是白色的。如图 11-14 所示。

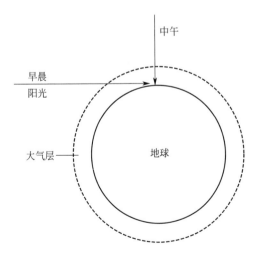

图 11-14　早晨和中午的阳光

由于红色光线不容易发生散射，在空气中的穿透能力比较强，所以交通指示灯使用红灯，这样，即使在雾天，司机也容易看清，从而能够有效地避免交通事故。

另外，瑞利还发现了惰性气体——氩气（Ar），从而获得了 1904 年的诺贝尔物理学奖。获奖后，他把奖金捐赠给了自己的母校和工作单位——剑桥大学和卡文迪许实验室。

拉曼从小就对物理感兴趣，在 16 岁时，他就知道了瑞利对天空是蓝色的解释，他很认同。但是除了天空外，大海也是蓝色的，这是为什么呢？他查阅了很多资料，其中，他发现瑞利用同样的理论解释大海的蓝色：这是由于海水反射了天空的蓝色形成的。对这个解释，拉曼并没有苟同，他决定自己进行研究。

1921 年夏天，拉曼乘轮船去英国。他随身带了相关的观测仪器，在航行过程中认真观察海水。结果，他发现，海水的蓝色并不是反射天空的蓝色形成的，而且他发现海水的蓝色比天空的蓝色更深、更"蓝"。他认为，瑞利的解释不正确，海水的蓝色不是由于天空的蓝色形成的，而是由于水分子对光线发生散射形成的。

从此之后的几年，他和其它人合作，继续深入、细致地研究这个问题。1923 年，他的一个学生发现，用紫色光照射装有水和酒精的烧瓶后，发现了微弱的绿色光线。学生认为这是由杂质造成的，所以并没有在意。实际上，这是人们第一次发现拉曼效应。

但拉曼并没有忽略这个现象，他继续研究，最终，在 1928 年，确认了非弹性散射现象的存在。

他的发现震惊了科学界，人们把这种现象叫做拉曼效应。仅仅两年后——1930 年，拉曼获得了诺贝尔物理学奖，成为第一位获得这个奖项的亚洲人。

3. 拉曼效应的应用——化学成分测试

光线照射到材料表面后，和材料发生相互作用，产生的拉曼散射的散射光的频率和材料的化学成分、微观结构有关系。所以，通过测试散射光的频率，就可以了解材料的化学成分和微观结构。这就是拉曼光谱分析法。

在散射光中，多数都是弹性散射，非弹性散射也就是拉曼散射所占的比例实际很小，也就是散射光很微弱，不容易检测到，所以在很长的一段时间里，拉曼散射效应并没有获得实际的应用。但是在激光器发明后，这种状况发生了改变：由于激光的强度很高，所以，如果用激光照射样品，发生拉曼散射的散射光的强度也就比较高了，容易检测到，所以拉曼光谱分析法的潜力就可以发挥出来了。

二、拉曼光谱分析

目前，拉曼光谱分析技术应用很广泛，有人把拉曼光谱称为材料的"指纹"，可以准确地分析材料的化学成分，对材料的种类进行鉴别。一张拉曼光谱图有若干个拉曼峰，每个峰对应一种化学键或者一个化学基团，比如，图11-15是水的拉曼光谱图。

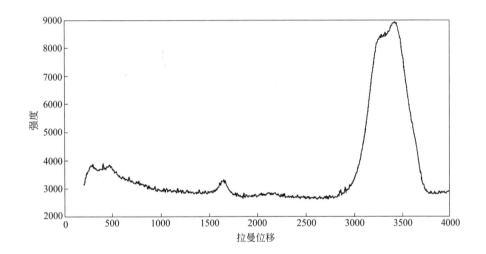

图 11-15　水的拉曼光谱图

目前常用的测试拉曼光谱的仪器是激光拉曼光谱仪，它主要由激光器、外光路系统、样品池、检测器、信号处理系统等组成，如图 11-16 所示。

拉曼光谱还可以和成像系统结合，得到可视化程度更高的图像，从而可以更直接、直观地显示样品的化学组成或分子结构情况。图 11-17 是一粒药片的化学成分组成的拉曼光谱图像，显示了药物中的三种成分——阿司匹林、咖啡因和扑热息痛的分布情况。

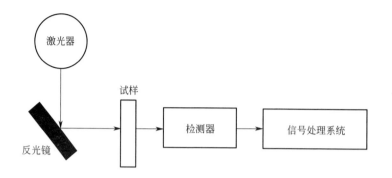

图 11-16　激光拉曼光谱仪的结构

图 11-17　一粒药片的化学成分组成的拉曼光谱图像

三、特点

拉曼光谱分析具有以下的特点。

① 能够分析多种材料的化学组成和分子结构，包括定性分析和定量分析。

② 分辨率高。拉曼光谱的谱峰尖锐、清晰，容易分辨不同的结构和基团。

③ 分析速度快，时间短。

④ 测试范围宽。能分析固、液、气三种状态的样品；既可以分析有机材料，也可以分析无机材料；测试温度范围也比较宽，既可以在高温下测试，也可以在低温下测试。

⑤ 由于水产生的拉曼散射很微弱，所以进行拉曼光谱分析时，样品可以制备成水溶液。而红外光谱不能分析水溶液中的样品。

⑥ 分析过程中，对样品不会造成损伤。

⑦ 需要的样品量比较少。因为激光束经过聚焦后，直径很小，所以只需要少量的样品就可以测试。而且样品不需要专门制备。

拉曼光谱分析技术最大的缺点是灵敏度比较低，因为样品产生的拉曼散射比较弱，如果某种基团或化学键的含量比较少，它产生的拉曼散射不容易被检测出来。

四、应用

拉曼光谱分析的应用领域包括材料、化学、生物、医学、矿物、地质、电子、环境保护，甚至包括刑侦、考古、体育（兴奋剂检测）、安检（如爆炸物检测）等。比如，可以用拉曼光谱检测水果表面的农药残留、检测造假宝石等。在刑侦领域，可以利用拉曼光谱检测毒品：很多人都知道，犯罪分子经常把毒品混在普通的白色物质如面粉中。由于激光束的直径很小，完全可以把面粉中的毒品微粒的拉曼光谱单独测出来，和面粉的光谱进行对比，就可以识别出毒品。

有的研究者测试了石墨烯和石墨的拉曼光谱，如图 11-18 所示。

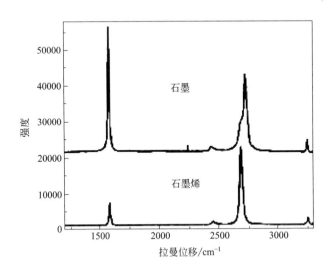

图 11-18　石墨烯和石墨的拉曼光谱

可以明显地看到，两者的拉曼峰的数量、位置、高度都有明显的区别。

有的研究者测试了不同层数的石墨烯的拉曼光谱，如图 11-19 所示。

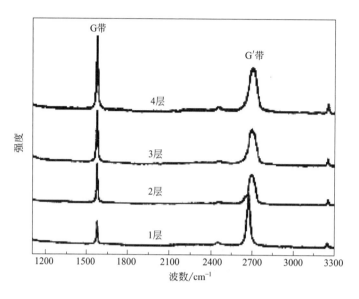

图 11-19 不同层数的石墨烯的拉曼光谱

可以看到，它们的区别很明显，包括波峰的强度和位置、宽度都有差别。

第十二章

火眼金睛——石墨烯的检测 Ⅱ
——微观结构测试

有时候，两种材料的化学成分可能完全相同，但是由于微观结构不一样，导致性能差别会特别大。典型的例子就是石墨和金刚石。

所以，要想准确地鉴别一种材料，除了观察它的形貌、测试它的化学成分外，还需要测试它的微观结构。三方面的结果互相验证，如果三方面的结果都表明它确实是某种材料，这就比较可靠了。

在这一章，介绍目前常用的测试材料微观结构的方法，主要是 X 射线衍射（XRD）技术，以及电子衍射技术。

第一节　X 射线的发现

X 射线是德国物理学家伦琴于 1895 年发现的。和前面介绍的很多重要的科学发现类似，伦琴发现 X 射线的过程也是一波三折。

1858 年，德国物理学家尤利乌斯·普吕克发现了阴极射线，不久后，英国一位物理学家也发现了这种现象：在一根玻璃管的两端装上电极，如果把玻璃管里的空气抽得很稀薄，并在两个电极之间施加高电压后，在阴极对面的玻璃壁上会出现闪光！但是看不到别的东西。

所以，这种现象引起了很多科学家的兴趣，很多人开始研究它，并且发现了一些新的现象，比如，如果在阴极前面放一个物体，阴极对面的玻璃壁上会出现物体的影子，好像阴极会发出光线一样。还有一种更奇怪的现象：如果在阴极前面放一个小轮子，小轮子竟会自己转动起来！

大家认为，产生这些现象的原因是，阴极会发射一种肉眼看不到的射线，因为人们不了解这种射线的本质，所以就把它叫做阴极射线。

于是，很多人继续研究阴极射线，包括它的本质、性质等。这个热潮一直持续了几十年，一直到1895年，很多物理学家还在孜孜不倦地进行研究，伦琴也是其中一位。

1895年11月8日，伦琴在研究阴极射线时，用黑纸把玻璃管密封起来，防止里面的光线漏出来。然后施加电压，让阴极产生阴极射线。忽然，他发现玻璃管旁边的一块屏幕上发出了荧光。他感觉很奇怪，于是就关闭了玻璃管的电源，他发现荧光也消失了；但当他重新打开电源后，荧光又出现了。

于是，他证实，这种荧光是由阴极射线管产生的。

伦琴对待工作很认真，也很谨慎。他没有冒冒失失地对别人说这件事，而是进行了进一步的实验，以确定这个发现，防止它是由于错误或偶然因素造成的错觉。他把屏幕逐渐移到远处，结果仍发现有荧光；然后，他分别用纸张、木板、衣服甚至厚达两千页的书籍挡住屏幕，但屏幕上仍出现了荧光，这说明这种荧光具有很强的穿透性。后来，他把屏幕拿到隔壁的房间里，仍能看到荧光。有一次，他偶尔用手去拿屏幕时，屏幕上竟出现了手骨的图像！他又让妻子做测试，用这种荧光拍摄了妻子的手骨照片。

经过一系列的实验，伦琴最终确信，自己发现了一种新的射线，这种射线不能被肉眼看到，但是却能穿透物体。他不了解这种射线的本质，所以给它起了个神秘的名字，叫"X射线"。这时他才公布自己的研究结果。他的发现马上就引起了轰动，人们为了纪念他的发现，也把这种射线叫做"伦琴射线"。

由于这项发现，伦琴获得了无数的荣誉。他受邀为德国皇帝做讲演并进行现场表演，皇帝为他授勋，并为他建立塑像。据粗略统计，伦琴在生前和逝世后获得的各种荣誉多达150多项！1901年颁发的第一届诺贝尔物理学奖，就授予了伦琴。

但是伦琴本人很谦虚，他说："假如没有前人的卓越研究，我是不可能发现X射线的。"获得诺贝尔奖后，他马上把奖金捐赠给了威尔茨堡大学。他为人也很低调，仍像普通人一样进行研究工作，并且谢绝了贵族称号，也没有为

X射线申请专利，从而促进了它的推广和应用。

X射线的发现具有重要的意义如下。

首先，它促进了医疗影像技术的发展，为医学诊断开辟了一条新的道路，具有重要的作用。

其次，它也影响了其它很多科学领域，促进了它们的发展，比如研究材料的微观结构。

再次，它是现代物理学诞生的标志，引起了新一场物理学革命。

截止到19世纪，经过多年的发展，人类在物理学领域取得了大量研究成果，人们认为物理学的发展已经趋于完善，达到了顶峰。当时英国著名的物理学家开尔文自豪地说："19世纪已经将物理大厦全部建成，今后物理学家只需要修饰和完美它。"所以，在当时的物理学界，弥漫着一片盲目乐观的气氛。

但是，X射线的发现让人们清醒了，人们认识到：实际上，物理学还存在大量的未知领域，需要人们继续探索。所以，X射线的发现揭开了物理学革命的序幕，从那之后，物理学的研究开始从宏观转向微观，诞生了现代物理学。

所以，X射线被称为19世纪末物理学的三大发现之一（另两大发现是放射性和电子）。

第二节　X射线的性质

人们发现，X射线具有很多奇异的性质。

一、穿透性

如果看过《007之明日帝国》，大家应该记得里面有一个情节：

邦德来到一家夜总会里，里面人声鼎沸，熙熙攘攘。他戴上一副眼镜，结果可以看到每个人的衣服里面——有的保镖化装成了夜总会的服务员，在衣服里藏着手枪。

伦琴发现，X射线具有的最奇特的性质就是穿透性——它可以穿透人的肌肉。所以，他为自己的夫人拍摄了人类历史上第一张X光照片，在报纸上发表后，引起了轰动。如图12-1所示。

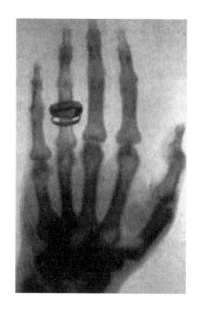

图 12-1　伦琴夫人手的 X 光照片

在照片里，无名指上的圆形物体是伦琴夫人的戒指。

X 射线是人类发现的第一种有穿透性的射线。

二、X 射线是一种电磁波

伦琴发现 X 射线后，很多人继续进行研究。后来人们知道，X 射线也是一种电磁波，但是它的波长很短，肉眼不能看到，同时它的能量很高，这才使得它具有很强的穿透性。

三、能使一些材料发出荧光

当 X 射线照射某些材料时，会使它们产生荧光，X 射线的强度越高，产生的荧光越强。

四、能使一些材料发生电离

X 射线照射某些材料时，这些材料会发生电离，产生自由电子。

五、能使照相底片感光

X 射线具有感光作用，用它照射照相底片时，能使底片感光。X 射线的强度越高，底片感光越明显。

实际上，在伦琴发现 X 射线以前，已经有人发现了 X 射线的感光效应了。他们做阴极射线实验时，也曾发现附近的照相底片感光了。但是他们没有思考到底是什么原因。而伦琴发现类似的现象——X 射线的荧光效应后，并没有忽视它，而是认真地思考并深入地做试验，最终发现了这种新的射线。

六、热效应

X 射线照射物体时，物体吸收 X 射线的能量，温度会升高，这叫 X 射线的热效应。

七、颜色效应

X 射线照射有的材料时，比如铅玻璃，材料吸收 X 射线的能量，化学组成或显微结构会发生变化，从而导致颜色也发生变化。在宝石行业里，有人用这种方法处理宝石，比如水晶。有的宝石的颜色不漂亮，于是人们用 X 射线照射一段时间，宝石就会变成漂亮的彩色，从而能卖出高价。

八、可以发生反射、折射、衍射、干涉

由于 X 射线本质上是电磁波，所以它也会产生反射、折射、衍射、干涉等现象。

九、对生物组织的影响

X 射线对生物组织具有显著的影响，会使组织发生一些变化。对人体的危害比较大，所以，平时应该注意进行防护，尽量避免被 X 射线照射。

第三节　X 射线的应用

X 射线被发现后，引起人们的高度重视，在科研、工业生产等方面获得了广泛应用，有的应用就在我们的身边。

一、放射性的发现

X 射线促进了科学研究的发展。X 射线被发现后，很多科学家进行相关的研究。据粗略统计，截止到目前，和 X 射线相关的研究已经获得了八次诺贝尔奖，包括物理学奖和医学奖。比如，1896 年，法国物理学家贝克勒尔就是由于受到伦琴发现 X 射线的影响而发现了铀的放射性的。1896 年初，伦琴发现 X 射线的消息传到法国，贝克勒尔很感兴趣，问当时法国的著名数学家彭加勒，这种射线是怎么产生的，彭加勒说，它可能是发荧光的材料产生的，可能和荧光的机理一样。并且彭加勒建议贝克勒尔做一下实验，验证一下是不是这样。贝克勒尔听从了彭加勒的建议，开始做实验，看能够发出荧光的材料是不是也会发出 X 射线。他找了很多材料，最后发现铀盐在太阳的照射下，会使照相底片感光。这说明彭加勒说得很对：X 射线是发荧光的材料产生的。过了几天，他打算继续做这个实验，但是很不巧，连续好几天一直是阴天，没法让样品晒太阳。因为要让铀盐发出荧光，必须晒太阳。

没办法，他只好把所有材料放到了抽屉了，等天晴后再做实验。

但是没等到天晴，贝克勒尔灵机一动，想看看没有晒太阳，照相底片是不是也感光了。于是，他把材料拿出来一看，发现底片确实感光了。

这时，贝克勒尔敏锐地意识到：铀盐会发出一种射线，而且这种射线和荧光没有关系，不需要太阳光的照射。经过进一步的实验，他证实，铀元素会发出一种射线，这种射线并不是 X 射线。这就是铀的放射性。

所以，在一定程度上可以说，正是伦琴发现 X 射线间接地导致贝克勒尔发现了铀的放射性。1903 年，贝克勒尔凭借这一发现，获得了诺贝尔物理学奖。

二、医疗影像

医疗影像是 X 射线应用最广泛、影响最大的领域。

伦琴发现 X 射线的当年，即 1896 年，人们就把它应用到医学领域，进行疾病诊断和治疗。在英国，有个妇女一直感到手很疼，但是从外表看，她的手并没有受伤，形状也没有异常。最后，医生用 X 射线照射她的手，发现里面有一根针！很快，医生把它取了出来，解除了病人的痛苦。

可以想见，如果没有X射线，那就很难发现病人疼痛的原因。

从那之后，X射线更多地获得应用，从而开辟了医疗影像技术，就是对病变部位形成影像，医生可以直接观察人体的内部，从而进行疾病诊断和治疗。这种方法使得对疾病的诊断更直接，也更准确，克服了传统的"望、闻、问、切"等手段的一些不足。现在人们很熟悉的胸透就属于X射线影像技术。

X射线成像的原理包括它的穿透作用、荧光作用和感光作用。

首先，X射线的穿透能力很强，但是穿透能力和材料的种类有关系，比如，它可以穿透肌肉，但不能穿透骨骼，也不能穿透金属。伦琴夫人的手骨X光照片里，能看到无名指上的戒指，就是这个原因。所以人们做胸透时，医生都要求不能佩戴金属首饰，衣服上也不能有金属物品。因为如果有金属物品，最后拍出的X光片里会有金属物品的影子，这会让医生错误地认为是身体发生了病变。

其次，X射线的穿透能力也和物质的性质有关系，比如致密度、厚度等。对肌肉来说，致密度越高、越厚，X射线越不容易穿透。

由于X射线对人体不同组织的穿透性不一样，所以到达荧光屏或胶片上的X射线的数量或强度就不一样，所以就会在荧光屏或胶片上形成黑白颜色不同或明暗程度不同或浓淡程度不同的图像。

X射线既可以在荧光屏上成像，也可以在照相胶片上成像。X射线在荧光屏上成像是由于荧光作用。X射线可以使荧光屏材料发出荧光，而且荧光的亮度和X射线的强度有关。荧光屏的不同位置接收到的X射线的数量不一样，所以发出的荧光的亮度就不一样，从而形成图像。

X射线在胶片上成像是由于它具有感光作用。X射线可以使胶片材料感光，而且感光的程度和X射线的强度有关。胶片的不同位置接收到的X射线的数量不一样，所以感光的程度就不一样，从而形成图像，这就是医院里的X光片。

X射线影像技术对医学诊断具有重要意义，在医学领域引发了一场技术革命。现在人们经常听说的CT扫描，其中一种也是利用X射线进行的。因为人们发现，用普通的X光机进行检查时，有一个很大的缺点，就是它不能检测内部的一些病变。比如，在某块骨头的后面有一块肌肉，这块肌肉里发生了病变，如果用X光机从骨头这面照射，由于X射线不能穿透骨头，所以它就不能发现肌肉里的病变。

为了改变这个不足，20世纪70年代，英国和美国的科学家研制了X射线CT扫描仪，它里面有一个X射线管，可以向外发射X射线，而且这个X射线管可以围绕患者的身体转动，从各个角度照射被检查部位。在X射线管的转动过程中，探测器随时把X射线的吸收情况记录下来。经过处理后，就可以得到被检查部位的断面图像，如图12-2所示。

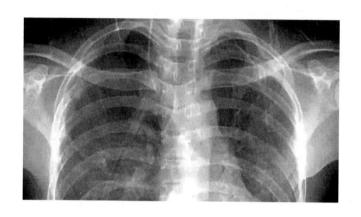

图 12-2　人体的 CT 照片

这样，CT扫描仪就解决了普通的X光机的缺点，可以发现各个位置的病变，包括上面提到的被骨头遮挡的部位，从而有效地提高了疾病诊断的准确性。

三、X 射线治疗技术

由于X射线的能量比较高，所以人们也用它治疗某些疾病，杀死或破坏病变细胞。

四、安检

人们也利用X射线的特点制造安检设备，它的原理和胸透、CT基本相同。这种设备已经广泛应用在铁路、机场、地铁、物流等领域。

五、无损检测

无损检测是X射线另一个重要的应用领域。它是利用X射线检测工件的缺陷，道理和做胸透是一样的。比如，有的产品内部有杂质，在很多时候，这些杂质的尺寸很小，肉眼不容易发现，所以，人们就用 X 射线照射产品。产品的正常位置和杂质的密度不一样，所以穿过它们的 X 射线的数量也不一样，所以就可以形成杂质的图像，如图 12-3 所示。

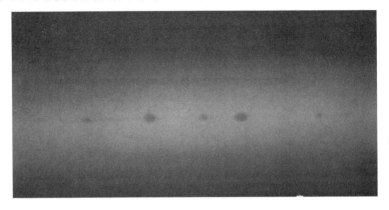

图 12-3　工件内部杂质的 X 光照片

利用同样的道理，也可以检测工件的其它缺陷，比如内部的孔洞、裂纹等。这种检测方法不会损伤工件，所以叫无损检测。无损检测在很多工业领域都有应用，比如飞机、轮船、电厂、石化、化工、输油管道、铁路等，这些行业的设备需要定期进行无损检测，争取尽早发现零部件的缺陷，及时维修，避免发生安全事故，所以有人把这种检测形象地称为"工业体检"。

六、在天文学上的应用

X 射线也可以应用在天文学中。因为有的天体会发射 X 射线，所以人们通过检测宇宙中的 X 射线，可以发现新的天体。

早在 1949 年，美国的科学家就探测到了太阳日冕发出的 X 射线。1962 年，出生于意大利的科学家里卡多·贾科尼设计了一个灵敏度很高的 X 射线探测器，也有人把它叫做 X 射线望远镜，并把它发射到太空中。很快，这个 X 射线探测器发现了第一颗 X 射线星球，这件事被认为是 X 射线天文学这个学科诞生的标志。后来，人们又发射了多颗卫星，专门搭载 X 射线探测器，探测宇宙中的新天体，尤其是隐藏着黑洞的一些天体。

由于对这个领域的贡献，贾科尼获得了 2002 年诺贝尔物理学奖。

七、新材料

美国堪萨斯州立大学的科学家用高强度的 X 射线轰击一个分子时，分子中间出现了一个小孔，小孔的周围有一些电子存在，但是这些电子不断"掉"进这个小孔里去。这种现象和宇宙里的黑洞特别像，所以，研究者把它叫做"迷你黑洞"。

研究者说，将来有可能利用这种现象研究一些新材料，包括具有特殊效果的药物。

第四节　X 射线衍射技术（XRD）

一、发展

前面提到，X 射线是一种电磁波，所以它会发生衍射现象。

1912 年，德国物理学家劳厄发现，用 X 射线照射晶体时，X 射线会发生衍射。他的研究结果发表后，引起了英国一对父子——老布拉格和小布拉格的注意。小布拉格经过研究，证明可以用 X 射线分析晶体的结构，然后，父子二人合作，用 X 射线测试出了金刚石的晶体结构，就是我们现在熟悉的四面体形状。

从此之后，就诞生了一项新学科——X 射线晶体学，它可以用 X 射线测试材料的晶体结构，在材料、化学、物理、生物等领域应用十分广泛。

二、XRD 原理

我们知道，晶体是由规则排列的原子组成的，而且原子间的距离满足 X 射线发生衍射的条件。用 X 射线照射晶体时，经过衍射后，有的方向上的 X 射线比较强，有的方向比较弱。X 射线衍射线的强度和分布情况与材料的晶体结构有关系。所以可以利用 X 射线的衍射了解材料的晶体结构，这就是 XRD 的原理。

三、XRD 在石墨烯中的应用

XRD 可以鉴别样品是否是石墨烯，比如，图 12-4 中的 a、b、c 分别是石墨、氧化石墨和石墨烯的 XRD 图谱。

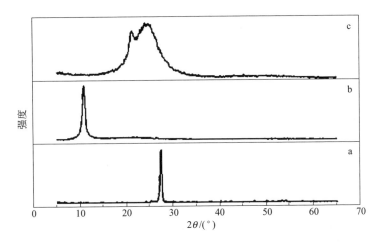

图 12-4　石墨（a）、氧化石墨（b）和石墨烯（c）的 XRD 图谱

也可以利用 XRD 评价石墨烯的质量，比如纯度、缺陷等情况，从而为改善制备工艺提供一定的依据。

第五节　电子衍射

电子束也属于一种电磁波，可以发生衍射。人们发现，用电子束照射比较薄的晶体时，电子束会发生衍射，而且衍射线的强度和分布与晶体结构有关系，所以可以利用电子衍射分析材料的晶体结构。

现在的透射电镜都有电子衍射功能。一般情况下，单晶体的电子衍射图是一些规则排列的点，多晶体的电子衍射图是几个同心圆，非晶体的电子衍射图是由很多点组成的同心圆。如图 12-5 所示。

图 12-6 是石墨烯的电子衍射图。

从图中可以看到比较明显的六边形结构，从而可以使人们了解石墨烯的晶体结构。

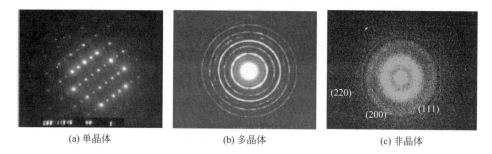

(a) 单晶体　　　　　　　　(b) 多晶体　　　　　　　　(c) 非晶体

图 12-5　材料的电子衍射图

图 12-6　不同倍数的石墨烯的电子衍射图

第十三章

石墨烯的改性和功能化

前面提到，石墨烯具有多方面优异的性质，比如力学、电学、光学、热学等，因而在电子、电力、能源、生物医学、环境保护等方面具有重要的应用前景。但是，在某些方面，石墨烯也存在一些不足。比如，它具有疏水性，所以不容易分散在水溶液中；石墨烯片和石墨烯片之间有较强的作用力，容易发生团聚，也不容易分散在一些有机溶剂里；化学活性比较低，和其它物质的相容性较差……

石墨烯的这些缺点，在很大程度上限制了它的应用，使它的优势不能充分发挥出来。

为了改善石墨烯的缺点，人们开发了一些相关的技术，对石墨烯进行改性或功能化，改变它的性质或使它具有一些新的性质。在有的资料里，把这种石墨烯叫做改性石墨烯或功能化石墨烯，它具有石墨烯的大部分基本特性，同时某些性质获得了提高。

石墨烯的改性和功能化有效地改善了石墨烯的性质，能够充分发挥它的潜力，拓宽它的应用领域。

第一节　改性和功能化的作用

一、作用

石墨烯改性或功能化的作用主要包括：

① 提高石墨烯的亲水性，使它容易分散在水里。

② 改善石墨烯在有机溶剂中的溶解性，包括极性溶剂和非极性溶剂。

③ 提高石墨烯的分散性，使它能够分散在溶剂中，不容易发生团聚。

④ 改善石墨烯的表面活性和相容性。

⑤ 使石墨烯具有新的性质，包括物理、化学、生物等方面。

二、途径

从目前的技术来看，石墨烯的改性或功能化有不同的途径，常见的有三种。

第一种：先制备石墨烯，然后对它进行改性或功能化。这是最传统的途径。

第二种：先制备氧化石墨烯，然后对它进行改性或功能化，最后进行还原，得到改性的石墨烯。

第三种：制备氧化石墨烯，对它进行改性，不再还原，把改性的氧化石墨烯作为改性的石墨烯使用。

在这三种途径中，第三种具有多个优点：首先，它的步骤比较少，不需要专门制备石墨烯；其次，氧化石墨烯的表面和边缘有大量的羟基、羧基、环氧基团等化学基团，它们的化学活性很强，所以，使得氧化石墨烯本身就是一种改性石墨烯；再次，由于氧化石墨烯具有很多基团，所以更容易对它进行其它形式的改性，而石墨烯的化学惰性比较强，不容易进行改性。

所以，目前制备改性石墨烯，人们经常采用第三种途径。

三、改性方法

具体的石墨烯的改性方法很多，有的研究者把它们分为了不同的类型，主要包括化学改性和物理改性两类。

化学改性也叫化学修饰，是通过化学反应，在石墨烯上引入一些化学物质，包括有机物小分子、有机物大分子、化学基团、金属及其氧化物、非金属等，对石墨烯进行改性。

化学改性也包括不同的类型：按照引入的化学成分与石墨烯的结合方式，可以分为共价键结合改性和非共价键结合改性等；按照具体的改性方法，可以分为化学反应法、掺杂法等。

物理改性是采用物理方法对石墨烯进行改性，常见的有离子轰击等。

第二节 共价键结合改性

共价键结合改性是在石墨烯的表面或边缘引入一些官能团，这些官能团通过共价键和石墨烯结合在一起。

石墨烯引入这些官能团后，可以改善它的分散性、相容性和化学活性等。

共价键结合改性是目前应用最广泛的改性方法，具体包括四种方法：碳骨架改性、羟基改性、羧基改性、聚合物改性。

一、碳骨架改性

碳骨架改性是利用石墨烯里的 C=C 双键进行改性，因为它的化学活性比较高，容易和一些物质发生化学反应。

比如，让石墨烯和一种芳香胺类物质发生化学反应，可以在石墨烯表面引入芳香官能团，如图 13-1 所示。

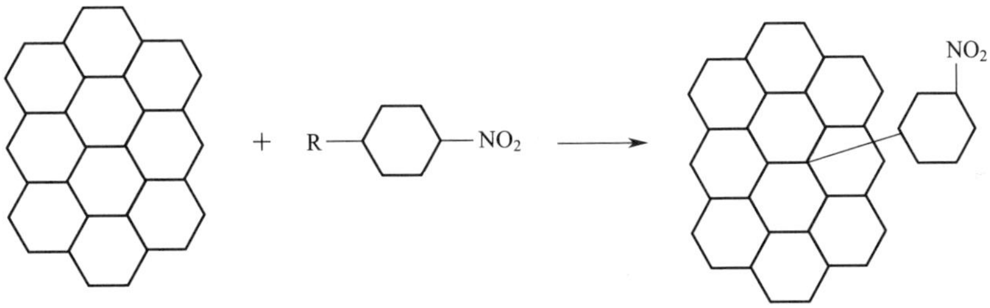

图 13-1 向石墨烯上引入芳香官能团示意图

用类似的方法，也可以让石墨烯和烯类物质发生化学反应，在石墨烯上引入相关的化学物质。

二、羟基改性

这种方法以氧化石墨烯为原料，氧化石墨烯上有很多羟基基团，向氧化石墨烯里加入一定的化学物质，这些物质和羟基发生化学反应结合起来，从而就向氧化石墨烯上引入了这些物质，如图 13-2 所示。

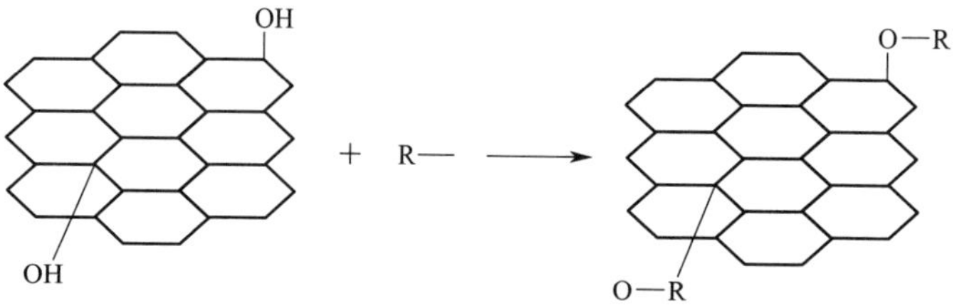

图 13-2　羟基改性示意图

三、羧基改性

　　这种方法是利用氧化石墨烯含有的羧基进行改性，向氧化石墨烯中加入特定的化学物质，这些物质一般带有氨基或羟基，它们会和羧基发生化学反应，从而向氧化石墨烯上引入这些物质。

　　有的研究者用乙醇胺对氧化石墨烯进行了改性，改性产物在水、乙醇和丙酮等溶剂中分散良好，而且不发生聚集。

　　有的研究者用十八胺和氧化石墨烯进行化学反应，向氧化石墨烯上引入了长链烷基。

　　有的研究者用氨基酸和氧化石墨烯反应，氨基酸中含有羧基和氨基，氧化石墨烯里含有羟基和环氧基团，它们会分别发生反应。测试发现，采用氨基酸改性的氧化石墨烯在水里的分散性很好，而且具有良好的生物亲和性。

四、聚合物改性

　　聚合物具有长链结构，可以更好地改善石墨烯的分散性，阻止它们发生聚集。另外，石墨烯也可以有效地改善聚合物的力学性能、热性能等。所以研究者用聚合物对石墨烯进行了改性。

　　一种方法是先在氧化石墨烯的表面连接聚合反应的引发剂，然后让聚合物单体发生聚合反应，从而在氧化石墨烯的表面引入了聚合物。这种方法适合于聚苯乙烯、聚甲基丙烯酸甲酯等物质的引入。

　　有的研究者用两种聚合物对石墨烯进行改性：先用氧化-还原法制备了石墨烯，然后在引发剂的作用下，让苯乙烯和丙烯酰胺发生共聚反应，在石墨烯上引入了聚苯乙烯-聚丙烯酰胺共聚物。

有的研究者先用氨基对石墨烯进行改性，然后和聚酰亚胺反应，在石墨烯上引入了聚酰亚胺。聚酰亚胺可以改善石墨烯的分散性，阻止它的团聚，同时，石墨烯能提高聚酰亚胺的强度和耐热性等性能。

有的研究者利用酯化反应，在氧化石墨烯上引入了聚乙烯醇。聚乙烯醇可以改善氧化石墨烯的分散性和相容性，而氧化石墨烯可以改善聚乙烯醇的力学性能，研究表明：1%的氧化石墨烯就可以明显提高聚乙烯醇的力学性能，使它的强度和弹性模量分别提升了 88% 和 150%。

有的研究者制备了氧化石墨烯-碳纳米管复合材料，并利用氧化石墨烯上的羧基和聚苯胺的氨基发生反应，在氧化石墨烯上引入了聚苯胺。经过改性后，这种材料可以作为超级电容器的电极材料，具有较高的电容量。

共价键改性操作比较简单，容易实施，改性效果也比较好。但它会破坏石墨烯本身固有的结构，从而会使石墨烯的导电性、导热性等性能降低。

第三节　非共价键结合改性

非共价键结合改性是利用非共价键对石墨烯进行改性。主要包括四种类型：π—π 键改性、氢键改性、离子键改性、静电改性。

一、π—π 键改性

π—π 键改性指石墨烯和修饰物质通过 π—π 键作用结合在一起。比如，有的研究者用一种叫四苯衍生物的物质对石墨烯进行了改性。这种物质的结构比较特别：它的一端是一个骨架，就像一个吸盘一样，可以通过 π—π 键和石墨烯结合在一起；它的另一端是好几条高分子链，好像几条树枝一样，这些高分子链和水的结合力比较强。这样，这种物质可以把石墨烯片互相剥离，而且还能有效地防止石墨烯片发生聚集，从而能稳定地分散在水溶液里。如图 13-3 所示。

另一组研究者用一种叫 PmPV 的聚合物对石墨烯进行了改性。他们先把 PmPV 放入二氯乙烷中，形成溶液，然后把膨胀石墨放进去，并进行超声处理。膨胀石墨发生剥离后得到石墨烯，PmPV 和石墨烯会通过 π—π 键结合起来，从而对石墨烯进行了改性，最后得到了石墨烯纳米带，可以稳定地分散在有机溶剂里。

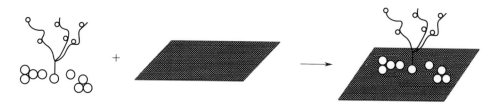

图 13-3　四芘衍生物对石墨烯的改性示意图

二、氢键改性

氧化石墨烯的表面有很多羧基、羟基等基团，它们容易和其它物质形成氢键，所以可以利用这种方式对氧化石墨烯进行改性。

经过氢键改性后，石墨烯在溶剂中的分散性更好，而且，由于氢键的作用力比较大，石墨烯可以作为一些物质的载体，比如药物、催化剂等。所以，研究者在这方面做了一些有趣的研究。比如，有的研究者用氧化石墨烯负载了一种抗肿瘤药物，叫盐酸阿霉素。这种药物中有很多氨基、羟基等基团，能够和氧化石墨烯里的基团形成氢键。由于氧化石墨烯的比表面积很大，所以对药物的负载量比较大，远高于其它载体。

另外，优良的载体不仅要求和被载物的结合力强、负载量大，还要求能够方便地卸载——把药物输送到目标位置后，能迅速地把药物释放出去。基于这一点，研究者进行了更深入的研究，他们发现，石墨烯和药物间的氢键作用和溶液的 pH 值有关：在中性条件下，负载量最大；在碱性条件下，负载量会减小；在酸性条件下，负载量最低。所以通过调整溶液的 pH 值，可以控制药物的负载量；反之，也可以通过调整 pH 值，控制对药物的释放。

有的研究者发现，DNA 也能和氧化石墨烯形成氢键，所以可以用 DNA 对氧化石墨烯进行改性。产物可以稳定地分散在水溶液里，不容易发生聚集。

氢键改性的优点是不会破坏石墨烯本身的结构，所以对它的性能影响比较小。但是和共价键相比，氢键的作用力比较小，所以修饰的物质和石墨烯的结合力比较弱。

三、离子键改性

这种方法是利用离子键对石墨烯进行改性，石墨烯和引入的化学物质间以离子键结合。

比如，有的研究者在氧化石墨烯水溶液里加入了一种叫十二烷基苯磺酸钠（SDBS）的物质，并且进行超声分散。氧化石墨烯的表面带有正电荷，SDBS的分子链带有负电荷，所以，它们会形成离子键而结合起来。然后用水合肼还原氧化石墨烯，就得到了 SDBS 改性的石墨烯。这种改性石墨烯在水里有很好的分散性，不容易发生聚集。

有的研究者在氧化石墨溶液里加入了钾盐，钾盐里的钾离子带正电荷，氧化石墨上带有负电荷，所以，它们就形成了离子键，结合在一起。然后再经过剥离，就得到了钾离子修饰的石墨烯。这种改性石墨烯可以很好地溶解在一些有机溶剂里。

有的研究者利用离子键作用，对石墨烯进行了"转移"：他们制备出表面带负电荷的石墨烯，这些石墨烯由于负电荷的静电排斥作用，会很好地分散在水溶液里；然后，在水溶液里加入一些带正电荷的两亲性表面活性剂，并且加入了一种有机溶剂——氯仿，氯仿的密度比水大，所以会沉下去；最后振荡溶液，结果发现，水里的石墨烯纷纷转移到了氯仿里！

发生这种情况的原因是：加入带正电荷的两亲性表面活性剂后，它们和石墨烯形成了离子键，紧密结合在一起；而且，表面活性剂和氯仿的结合性很好，会溶解在氯仿里。所以，在振荡过程中，表面活性剂会把石墨烯从水里"拽出来"，最后"拽"到氯仿里。

四、静电改性

这种方法是利用同种电荷间具有的静电排斥作用对石墨烯改性，提高它在溶液里的分散性。

比如，有的研究者通过特殊的还原法，把氧化石墨烯里的羟基、环氧基都去除，只保留羧基。羧基带有负电荷，所以，石墨烯片之间存在静电排斥作用，使得它们能很好地分散在水溶液里，不容易聚集。

这种方法的一个突出的优点是，由于这种石墨烯里含有的基团比较少，所以性质不会受到太大的影响。

第四节　原子掺杂改性

原子掺杂改性是采用一定的方法，在石墨烯里加入一些元素的原子，如氮原子、硼原子、硫原子、磷原子等。这种掺杂可以有效改善石墨烯的很多基本性质，包括力学、电学、光学、磁学、化学性质等。

具体的掺杂方法比较多，比如高温焙烧法、CVD法、电弧放电法等。

一、掺杂氮原子

有的研究者把含氮物质和石墨烯混合，然后在惰性气体环境中进行高温焙烧，制备了掺杂氮原子的石墨烯。这种方法使石墨烯的晶格内部和边缘都可以掺杂氮原子，所以掺杂量很高。另外，石墨烯经过焙烧后，内部产生了很多孔洞，所以这种石墨烯可以作为锂离子电池的电极材料。它的储锂能力强、电容量高、循环性能好，也有利于锂离子和电解质的传输，所以能提高锂离子电池的充放电速度。如图 13-4 所示。

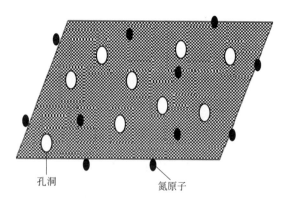

图 13-4　带孔洞的氮原子掺杂石墨烯

另外，石墨烯掺杂氮原子后，也可以作为超级电容器的电极材料，它的电化学性能很好：具有较大的比容量和能量密度，而且循环性能好。

二、掺杂硼原子

有的研究者用 CVD 法制备了掺杂硼原子的石墨烯，可以用来制造气体传感器，检测 NO 和 NO_2 等气体。

三、掺杂氟原子

石墨烯掺杂氟原子后，具有优异的润滑性、耐磨性、耐热性、耐腐蚀性等，在机械润滑、电子行业中有良好的应用前景。

可以采用化学反应等方法对石墨烯掺杂氟原子。另外，中科院的研究者以氟化石墨为原料，通过插层、超声剥离等处理，制备了掺杂氟原子的石墨烯。

第五节　纳米微粒改性

这种方法是在石墨烯的表面掺杂一些纳米微粒，包括金属或金属氧化物，如 Ag、Pt、Ni、Fe_3O_4 微粒等。掺杂方法有沉积、原位还原、热分解法等。

有的研究者把氧化石墨烯沉积到金属锌的表面，锌把氧化石墨烯还原为石墨烯，再把它们浸入氧化剂中，锌原子被氧化为 ZnO，沉积在石墨烯上，所以在石墨烯上负载了 ZnO 纳米颗粒。图 13-5 是扫描电镜照片，右上角的图片为纳米 ZnO 颗粒的放大图。

有的研究者用石墨烯负载了铂和钯微粒，研究者发现，石墨烯表面的基团能够阻止纳米铂微粒发生聚集，这种产物能够作为甲醇氧化反应的催化剂，应用在甲醇燃料电池里。

有的研究者在石墨烯里掺杂了镍微粒，发现石墨烯的磁性能提高了。

研究者发现，在石墨烯里掺杂 PbS 纳米微粒，可以用来制造光检测器件，它的灵敏度和响应速度都很高。

石墨烯掺杂 Co_3O_4 后，可以作为锂离子电池的电极材料，具有比较高的能量密度和功率密度。

石墨烯掺杂 Mn_3O_4 或 TiO_2 后，对有机物的催化降解能力提高了。

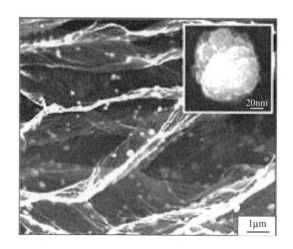

图 13-5　负载纳米 ZnO 颗粒的石墨烯

前面提到过，有的研究者在石墨烯里掺杂了 Fe_3O_4 纳米微粒，发现可以提高对药物的负载能力；同时，由于 Fe_3O_4 纳米微粒具有磁性，所以它可以使载体在外磁场的作用下发生定向移动，所以有望成为一种很好的靶向性药物载体，能够负载着药物向病变部位运动，从而实现精准治疗。

第六节　缺陷改性

除了上述改性方法外，有的研究者设法在石墨烯里引入一些晶体缺陷，对它进行改性。

一、离子轰击

离子轰击属于一种物理改性方法，指用高能量的离子束轰击石墨烯，这样可以人为地在石墨烯上制造一些缺陷，比如空位、纳米孔洞等。这样，石墨烯的性质就会发生改变，甚至会具有一些新的性质。

有的研究者用 1keV 的氩离子轰击石墨烯，发现石墨烯的表面产生了褶皱。有的研究者用 Si 离子轰击石墨烯，发现有的硅原子占据了一些碳原子的位置，从而得到了硅掺杂的石墨烯。

也有的离子轰击会使石墨烯表面出现纳米尺度的孔洞。

二、制造多孔石墨烯

多孔石墨烯也叫石墨烯筛，它的表面有很多纳米尺度的微孔。如图 13-6 所示。

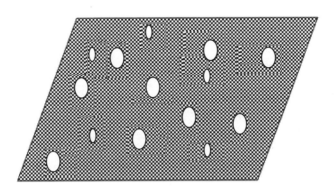

图 13-6　多孔石墨烯

多孔石墨烯有一些独特的性质，比如比表面积更大，这既有利于物质传输，也能用来进行材料的分离和筛选等。所以，它在能源存储、传感器、电子、材料、环境保护等领域有重要的应用前景。

制造多孔石墨烯有多种方法，比如高能粒子轰击、化学法、光刻法等。

我国的研究者用氧化石墨烯和金属氧酸盐做原料，对它们进行高温加热。在高温下，生成了石墨烯和金属氧化物纳米颗粒，石墨烯里的一些碳原子会和金属氧化物发生化学反应，从而在石墨烯上产生很多微孔。图 13-7 是产物的扫描电镜照片。

美国麻省理工学院的研究者发现，用 CVD 法制备石墨烯时，当把温度降低到一定程度时，会得到多孔石墨烯。他们解释说，这可能是因为当温度较低时，基底材料上会形成很多小的石墨烯片，它们不能完全连接起来，形成理想的连续的石墨烯薄膜，而是会存在很多纳米级的孔洞。

有研究者提出，可以用多孔石墨烯进行海水淡化：控制石墨烯上的微孔的尺寸，让水分子能够通过，而海水里的其它物质不能通过。

也有人说，可以用多孔石墨烯保存美酒：把酒装在坛子里，坛子的盖子使用多孔石墨烯制造。这样，酒里的水分可以通过石墨烯蒸发，而其它成分则保留下来，经过几年后，美酒就会变得更香。

图 13-7 研究者制备的多孔石墨烯

第十四章

氧化石墨烯

　　氧化石墨烯是石墨经过氧化、剥离得到的产物，是用氧化-还原法制备石墨烯过程中的中间产物。但是，氧化石墨烯也具有一些优异的性能，在某些方面还优于石墨烯。所以，目前，氧化石墨烯是一种独立于石墨烯的新材料，在很多领域具有重要的应用前景。

第一节　化学组成和结构

一、形成过程

　　石墨被氧化剂氧化后，成为氧化石墨，氧化石墨里包含一些化学基团，这些化学基团使得氧化石墨层之间的结合力变小，层间距增大。

　　如果把氧化石墨剥离，得到单层结构，这种结构就叫氧化石墨烯，如图14-1所示。

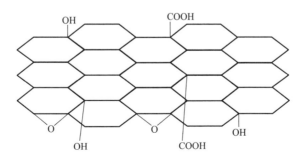

图 14-1　氧化石墨烯

二、化学组成

从化学组成和结构上来看，可以认为，氧化石墨烯是石墨烯的氧化物，或者说，石墨烯是氧化石墨烯的还原物。

氧化石墨烯的化学组成比较复杂。它的主要元素是碳，但包含多种化学基团，如羟基（—OH）、羧基（—COOH）、环氧基［—C（O）C—］、羰基

（—C̤—）、酯基（—COO—）等。

另外，氧化石墨烯的化学组成并不固定。不同的氧化石墨烯，互相之间的化学成分一般都不一样，包括各种基团的种类和各自的数量，或者是碳、氢、氧等元素的含量。很难找到两片氧化石墨烯，它们的化学组成完全一致。

三、结构

氧化石墨烯的结构也很复杂，它的表面和边缘连接着多种化学基团。

以前，人们认为氧化石墨烯上的化学基团是随机分布的，没有什么规律。但最近，有的研究者提出，这些化学基团的分布是有一定规律的。

同样，不同的氧化石墨烯的结构一般也不相同，很难找到两片结构完全相同的氧化石墨烯。

第二节　氧化石墨烯的性质

氧化石墨烯由于具有独特的化学组成和结构，所以它具有一些独特的性质。

一、亲水性

氧化石墨烯的亲水性比较好，因为它的表面有大量的极性化学基团，这些基团很多是亲水性的。所以氧化石墨烯也具有亲水性，容易吸收空气中的水分。

二、分散性

由于氧化石墨烯的亲水性比较好，所以它在水中和一些有机溶剂中的分散性比较好，能够长时间稳定存在，不容易发生聚集。

另外，氧化石墨烯互相之间的间隙比较大，作用力比较小，容易进行剥离，剥离后也不容易发生聚集。

三、相容性

氧化石墨烯含有的极性化学基团能够和很多物质产生较强的作用力，从而互相结合，这使得氧化石墨烯有很好的相容性。

四、表面活性

氧化石墨烯含有的很多化学基团有较高的活性，如羟基、羧基，能够和很多物质发生化学反应，这使得氧化石墨烯也具有较高的表面活性。

五、光敏感性

氧化石墨烯对可见光和一部分红外光比较敏感，而且响应速度很快，所以可以用来制造光传感器。

另外，受到光线照射时，氧化石墨烯会产生较多的光电子，形成较强的电流，所以在太阳能电池等领域有很好的应用前景。

六、导电性较低

在氧化石墨烯里，化学基团使得它的导电性比较低。

七、力学性能

氧化石墨烯具有优异的力学性能，强度高，而且密度低，比表面积大。

八、成本

氧化石墨烯能够比较容易地大规模制造，所以成本比较低。

由于上述独特的性质，所以氧化石墨烯具有一些不同于石墨烯的特点：

① 分散性比较好，容易制备成分散液，进行后续的处理或加工。

② 容易和其它材料结合，改善其它材料的性能，或者和其它材料制备复合材料。

③ 氧化石墨烯含有很多化学基团，化学基团的数量对它的很多性能都有影响，而且数量越多，影响越大，所以可以通过控制化学基团的数量、种类等调整氧化石墨烯的性质，以满足不同领域的需要。比如含有的化学基团较少时，溶解性比较差，如果想提高它的溶解性，可以增加化学基团的数量；如果想让它的导电性比较好，可以减少化学基团的数量；如果希望它的绝缘性比较好，可以增加化学基团的数量。

第三节　氧化石墨烯的制备方法

目前，制备氧化石墨烯的方法主要有三种，分别叫 Brodie 法、Staudenmaier 法和 Hummers 法。它们的原理相同，都是以石墨为原料，先用强酸处理，让强酸分子插入石墨层的间隙里，形成石墨层间化合物；然后加入强氧化剂，对石墨层间化合物进行氧化，得到氧化石墨；最后通过搅拌、超声分散等方法，让氧化石墨发生剥离，得到氧化石墨烯。如图 14-2 所示。

图 14-2　氧化石墨烯的制备流程图

三种方法的区别在于具体的工艺方面。

一、Brodie 法

这种方法使用 HNO_3 处理石墨，用 $KClO_3$ 做氧化剂，而且不断进行搅拌。经过一定的时间（一般是 20~24 小时）后，得到氧化石墨烯。

这种方法需要的时间比较长，而且一般需要进行多次氧化，才能获得足够的氧化程度。当然，这一点也有好处，就是氧化程度容易人为地控制。

这种方法有一个缺点，就是危险性比较大，容易发生安全事故。因为在一定的条件下，$KClO_3$ 和其它一些物质混合时，容易发生爆炸。而且，在反应过程中，还会产生一些有害气体。

二、Staudenmaier 法

这种方法使用浓 H_2SO_4 和 HNO_3 的混合物处理石墨，氧化剂仍是 $KClO_3$。所以它的特点和 Brodie 法相近。

三、Hummers 法

Hummers 法使用浓 H_2SO_4 处理石墨，氧化剂使用的是 $KMnO_4$。

和前两种方法相比，这种方法的反应时间短，氧化程度高，所以效率比较高。而且氧化剂用 $KMnO_4$ 取代了 $KClO_3$，保证了实验过程的安全性；在实验过程中，产生的有害气体也比较少。

所以，目前这种方法是制备氧化石墨烯的主要方法。

它的缺点是工艺过程比较复杂，影响产物质量的因素比较多。

四、其它方法

近年来，研究者也在不断寻找其它方法制备氧化石墨烯。比如，有的研究者用电化学法制备氧化石墨烯，这种方法是把石墨原料加入强酸中，然后利用电化学法进行氧化，得到氧化石墨烯。

有的研究者用一种叫过氧化苯甲酰的有机物做氧化剂，制备了氧化石墨烯。这种方法需要的时间很短，制备效率比较高。

第四节　氧化石墨烯制品的制备

上一节介绍的氧化石墨烯的制备方法，得到的一般是体积比较小的氧化石墨烯。为了更好地应用，需要体积更大的氧化石墨烯，包括一维氧化石墨烯（即氧化石墨烯纤维）、二维氧化石墨烯（即氧化石墨烯薄膜）。

一、氧化石墨烯纤维的制备

氧化石墨烯纤维的制备方法常见的是湿纺法。这种方法是先制备浓度比较高的氧化石墨烯水溶液，把溶液放入纺丝机的储液罐里，对溶液施加一定的压力，氧化石墨烯水溶液进入喷丝头，从喷丝孔里被挤出，凝固后就形成了纤维。如图 14-3 所示。

这种方法的特点是：

① 操作比较简单。

② 可以进行连续生产，效率比较高，适合大批量生产。

③ 纤维的长度、直径、形状都容易控制。既可以生产长纤维，也可以生产短纤维；喷丝孔的内径有不同的规格，可以生产不同粗细的纤维；喷丝孔的形状也有多种，生产的纤维的截面可以有多种形状，如圆形、长方形、管状等。

④ 在溶液里加入其它物质，可以方便地对纤维进行改性。

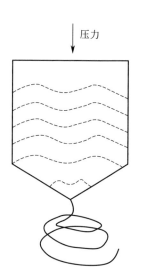

图 14-3　氧化石墨烯纤维制备示意图

二、氧化石墨烯薄膜的制备

1. 涂覆法

这种方法是把氧化石墨烯溶液涂覆到基体表面，干燥后就得到了氧化石墨烯薄膜。

2. 自组装法

这种方法是先把氧化石墨加入水中，进行超声分离，得到氧化石墨烯溶液，放置一定的时间，溶液里的氧化石墨烯会在溶液表面发生自组装，最后形成一层氧化石墨烯薄膜。

这种方法的特点如下。

① 需要的时间比较短，一般在 10～40 分钟。

② 通过调整溶液的面积和蒸发时间，可以得到不同大小和厚度的薄膜。

3. 浸涂法

这种方法是用特殊的材料制备一片基体，然后把基体浸入浓度比较高的氧化石墨烯溶液里，氧化石墨烯会和基体表面结合起来，从而形成薄膜。

通过控制浸涂的时间和次数，可以调节薄膜的厚度。

第五节 氧化石墨烯复合材料

氧化石墨烯具有较好的亲水性、相容性、分散性、化学活性以及较大的比表面积，所以很适合制备复合材料，包括聚合物基复合材料、金属基复合材料、陶瓷基复合材料等。

一、氧化石墨烯-聚合物复合材料

指在聚合物中加入一定量的氧化石墨烯制备的复合材料。氧化石墨烯可以提高聚合物的力学、电学、热学等性能，而且添加量少，对聚合物的不良影响小。

聚苯并咪唑（OPBI）是一种高温胶黏剂，可以粘接钢材、钛合金等，即使在高温时，粘接强度仍很高，所以可以应用在航空航天等领域中。研究者在聚苯并咪唑里加入一些氧化石墨烯，制备了复合材料，具体方法是：把氧化石墨烯放入水中进行超声分散，加入二甲基亚砜（DMSO），进行真空蒸馏，除去水分，离心处理，加入聚苯并咪唑，进行薄膜铸塑。

测试结果表明，当氧化石墨烯的添加量只有0.3%（质量分数）时，复合材料的拉伸强度比添加前提高了33%，韧性提高了88%。

在一些动物的甲壳和一些植物里，有一种物质叫甲壳素，可以用它制造一种叫壳聚糖的材料，这种材料有抑菌、降脂、提高机体免疫力等作用，而且有很好的生物相容性，对人体无毒无害，还能够生物降解，所以，在食品、日用品、医药等行业应用很广泛。比如，人们经常用它作为食品添加剂，能够起到保鲜作用，防止食品变质；把它加入化妆品中，可以起到抑菌、保湿等作用；还可以用它制造药物，包括胶囊外壳、药物载体、成膜材料等，也能用它制造手术缝合线等制品。

壳聚糖的力学性能对它的应用有重要的影响，强度如果太低，它会容易发生破裂。为了提高壳聚糖的力学性能，研究者在壳聚糖里加入了一定量的氧化石墨烯，制备了复合材料。氧化石墨烯含有的化学基团和壳聚糖的化学基团会形成氢键，从而能提高壳聚糖的力学性能。测试表明，加入 1%（质量分数）的氧化石墨烯后，复合材料的拉伸强度从 40.1MPa 提高到了 89.2MPa，杨氏模量从 1.32GPa 提高到了 2.17GPa。

有的研究者发现，在聚乙烯醇中加入 0.7% 的氧化石墨烯后，材料的拉伸强度和杨氏模量分别提高了 76% 和 62%。

聚合物里加入氧化石墨烯后，耐热性也会提高，不容易发生分解、变质。有研究者在酚醛树脂里加入了氧化石墨烯，发现它的耐热性提高了，可以作为一种比较好的耐火材料使用。

聚合物里加入氧化石墨烯后，导电性也会提高。聚吡咯的直流电导率是 1.18S/cm，有研究者制备了氧化石墨烯/聚吡咯（PPy）复合材料，它的电导率变为 75.8S/cm！当电流为 2mA、电压为 0～0.5V 时，聚吡咯的比电容仅为 237.2F/g，而复合材料的比电容达到了 421.4F/g。所以，这种材料可以作为超级电容器的电极材料。

氧化石墨烯也可以提高聚合物的结晶性能，从而能提高聚合物的加工性。研究者认为，这是因为氧化石墨烯可以起到形核剂的作用。研究者制备了聚乳酸（PLLA）-氧化石墨烯纳米复合材料，发现氧化石墨烯的含量越高，聚乳酸的结晶温度越低，结晶速率越高。

二、氧化石墨烯-金属复合材料

氧化石墨烯-金属复合材料是把金属微粒和氧化石墨烯结合起来，制备新型复合材料。

有的研究者制备了氧化石墨烯-纳米银复合材料，由于银具有很好的抗菌性，同时氧化石墨烯有较大的比表面积，所以这种复合材料具有高效的抗菌性。有的研究者制备了氧化石墨烯-纳米金复合材料，具有很好的催化性。

制备氧化石墨烯-纳米银复合材料的方法比较多，比如，有的研究者把 Ag_2SO_4 加入含 KOH 的氧化石墨烯悬浮液里，银离子会被还原，生成的纳米银微粒附着在氧化石墨烯的表面，就得到了氧化石墨烯-纳米银复合材料。如果再对氧化石墨烯进行还原，就可以得到石墨烯-纳米银复合材料。

另一种方法是在氧化石墨烯的悬浮液里，加入硝酸银、葡萄糖和氨水，它们会发生银镜反应，在氧化石墨烯的表面附着了一层纳米银薄膜。

三、氧化石墨烯-无机物复合材料

人们也制备了氧化石墨烯-无机物复合材料，无机物包括金属氧化物、二氧化硅等。

TiO_2 是一种良好的光触媒，能够治理有机物污染、杀菌，甚至把水分解为氢气和氧气，在环保、医疗、能源等领域有很好的应用前景。但是纯 TiO_2 的性能仍需要进一步改善。有研究者把纳米 TiO_2 微粒沉积在氧化石墨烯的表面，制备了氧化石墨烯-纳米 TiO_2 复合材料。

氧化石墨烯使这种复合材料具有比较大的比表面积，能够吸附更多的物质，而且氧化石墨烯有很强的电子转移能力，所以使得复合材料的光催化性能大大提高。测试表明，对甲基橙的光氧化降解率比 P25（一种纳米 TiO_2）提高了 7.4 倍。

有研究者制备了氧化石墨烯-MnO_2 复合材料，MnO_2 纳米微粒附着在氧化石墨烯表面，因为氧化石墨烯具有较高的比表面积，所以这种材料的应用范围比较广泛。比如，可以用它制造高效的催化剂，催化效果很好；也可以用作吸附剂，吸附污染物质；也可以用来制造生物传感器，有很高的灵敏度；还可以制造能量转换器件。

有研究者利用静电相互作用，制备了氧化石墨烯-SiO_2 微粒复合材料，它对血红蛋白的吸附能力很好，所以可以作为优良的吸附剂，用于血红蛋白的分离、提纯等。另一组研究者也制备了氧化石墨烯-SiO_2 微粒复合材料，发现它有很好的亲水性。

第六节　氧化石墨烯的应用

由于氧化石墨烯具有特殊的性质和结构，所以可以应用在多个领域中，包括能源、电子、催化、生物医药、复合材料等。

一、制备石墨烯的原料

前面介绍过，用氧化-还原法制备石墨烯时，要先制备出氧化石墨烯，然后对它进行还原，就可以得到石墨烯。所以，氧化石墨烯的一个应用领域就是制备石墨烯。

二、防腐

氧化石墨烯也有较好的防腐性能，可以用来制造防腐涂料。它的防腐原理包括：

① 能够把基体和空气、水分、腐蚀性介质隔绝开。

② 氧化石墨烯本身有很好的化学稳定性，耐腐蚀、耐氧化，而且强度高，耐高温性好。

③ 氧化石墨烯有比较好的相容性和分散性，所以在涂料中分布更均匀，能够保证各个位置的性能。

三、制造多种复合材料

上一节进行了详细介绍。

四、传感器

多巴胺是大脑分泌的一种化学物质，是一种重要的神经递质，能够控制神经系统的多种功能，如感觉、情绪等，尤其是快乐、兴奋，就是由它控制的。如果大脑中多巴胺的含量太少，人就感觉不到快乐、兴奋，对很多事情都没有兴趣，所以，有人把多巴胺叫做"开心分子"。瑞典科学家阿尔维德•卡尔森最早发现了多巴胺的这种功能，所以他获得了 2000 年的诺贝尔生理学或医学奖。

由于多巴胺的作用，人们希望能够准确、快速地测试它在大脑中的含量，这在医疗领域具有重要的价值。

多巴胺是一种双羟基分子，人们发现，苯硼酸可以和双羟基分子中的羟基形成共价键，生成一种叫环酯的物质，所以，有的研究者用苯硼酸修饰了氧化石墨烯，用它制造了一种生物传感器，来检测多巴胺，具有很高的灵敏度。

研究者发现，用氧化石墨烯制造的传感器还能检测葡萄糖、蛋白质、铅离子、镉离子等多种物质。

五、药物载体

氧化石墨烯具有较高的比表面积和水溶性，它表面的化学基团可以和药物结合，所以可以作为药物载体，提高治疗效果。

有的肿瘤细胞表面具有叶酸受体，容易和叶酸分子结合，所以，有的研究者用叶酸修饰氧化石墨烯，然后用它负载了一种叫阿霉素的抗癌药物，这样，药物就具有很好的靶向性，可以被定向输送到肿瘤细胞表面，而且牢固地结合起来，对肿瘤细胞进行治疗。这就好像一条小船，船艏有个钩子，而岸边也有一个钩子，两者可以牢固地钩在一起。

六、环保领域

氧化石墨烯可以用于环保领域，吸附水、空气里的污染物。

七、海水淡化

研究发现，氧化石墨烯薄膜会和水发生相互作用，形成独特的纳米通道，这种通道可以让比较小的物质通过，而阻碍比较大的物质，好像一个筛子一样。研究者提出，可以利用这个筛子进行海水淡化，把海水里的一些物质过滤掉，得到淡水。

八、光电器件

有的研究者用氧化石墨烯制备了一种光伏器件，氧化石墨烯有利于载流子的传输，所以这种器件的光电转换效率明显提高了。

第七节　未来的发展趋势

近年来，氧化石墨烯的研究取得了很大进展，发展迅速，但仍存在一些问题，需要在将来的工作中解决。

一、氧化石墨烯的纯度

目前氧化石墨烯的制备方法主要是 Hummers 法，这种方法的一个问题是插层剂和氧化剂会带来一些杂质，如 SO_4^{2-}、K^+、MnO_4^-，它们会影响氧化石墨烯的纯度和性能。所以，这个问题需要解决。目前，有的研究者在尝试采用其它类型的氧化剂，比如臭氧、过氧化氢等，它们不会引入杂质。另外，有的研究者利用电化学方法制备氧化石墨烯，也能够解决这个问题。

二、氧化石墨烯的可控制备

氧化石墨烯的化学基团的种类、各自的数量、分布位置都会影响氧化石墨烯的性能，所以，对它们进行控制是一个重要的研究方向。

三、氧化石墨烯的聚集

在实际使用时，氧化石墨烯也经常发生聚集，所以需要解决。常用的方法是对它进行表面改性。

四、氧化石墨烯的安全性

在制造、使用过程中，需要考虑氧化石墨烯的安全性，包括对人体组织的影响和对环境的影响。

第十五章

石墨烯复合材料

2019 年在卡塔尔多哈举行的世界田径锦标赛中，在跨栏比赛中，一位运动员由于抬腿高度不够，踢到了栏架上，结果把栏架踢断了；在撑竿跳高比赛中，一位选手在起跳时，杆子突然断裂，庆幸的是，运动员没有受伤。

在美国的 NBA 比赛中，有时会看到球员扣篮时，把篮板扣碎的情景。

这些情况说明，这些产品的性能存在不足。

人们认为，如果在普通的产品中加入石墨烯，有可能改善它们的性能。这些材料就是石墨烯复合材料。

第一节　复合材料

一、什么是复合材料？

复合材料是用两种或多种不同的材料制造的新材料，目的是取长补短，综合各种材料的优点，弥补各自的缺点。在复合材料里，含量较多的材料叫基体，含量较少的材料叫增强体。

二、种类

复合材料有多种类型，也有多种分类方法。

1. **按基体材料分类**

按照基体材料的化学成分，复合材料可以分为三种：

（1）聚合物基复合材料

聚合物基复合材料是以聚合物为基体、以金属或陶瓷等作为增强体的复合材料。

玻璃钢就是一种聚合物基复合材料，它是以塑料做基体，里面加入玻璃纤维做增强体，可以大幅度地提高塑料的强度。

（2）金属基复合材料

金属基复合材料是以金属为基体制成的复合材料，常见的有铝基复合材料、铜基复合材料、镁基复合材料等。

（3）无机非金属基复合材料

这种材料以无机非金属作为基体，比如陶瓷、玻璃、水泥等。钢筋混凝土就是一种无机非金属基复合材料：它的基体是混凝土，增强体是钢筋，可以提高混凝土的强度。

2. 按增强体的化学成分分类

按照增强体的种类，可以把复合材料分为下面几种：

（1）无机纤维增强复合材料

这种材料的增强体是无机纤维，包括玻璃纤维、碳纤维、陶瓷纤维等。

（2）金属纤维增强复合材料

这种材料的增强体是金属纤维，比如钢丝、钢筋等。

（3）有机纤维增强复合材料

这种材料的增强体是有机纤维，包括聚酯纤维、聚烯烃纤维等。

3. 按增强体的几何形状分类

（1）颗粒增强复合材料

这种复合材料的增强体是颗粒或粉末。

（2）纤维增强复合材料

这种复合材料的增强体是纤维，包括比较短的纤维和比较长的纤维。

（3）片层增强复合材料

这种复合材料的增强体是一些二维薄片。

三、应用

复合材料已经在许多行业中获得应用，比如汽车轮胎是一种聚合物基复合材料。它的基体是橡胶，增强体是钢丝，能够提高轮胎的强度、硬度、耐磨性，保持很好的弹性，而且耐穿刺，具有较长的使用寿命。

很多体育装备也是用复合材料制造的，比如网球拍、高尔夫球杆、冲浪板、撑竿跳的撑竿等。它们的基体一般是有机物，增强体是碳纤维、玻璃纤维等，这使得这些产品的强度高而且重量轻。

我们知道，飞机对零部件的性能要求很严格：要求强度高、重量轻、耐热、耐腐蚀等。所以，很多零部件是用复合材料制造的，如螺旋桨、机翼等。

此外，摩托车的头盔、防弹衣、人造骨骼等很多产品也是用复合材料制造的。

第二节　石墨烯复合材料类型

石墨烯复合材料主要有四种类型。

1. 石墨烯增强复合材料

这种材料是把石墨烯添加到其它材料中制造的复合材料，也就是以石墨烯作为增强体、以其它材料为基体，包括聚合物、无机材料等。

2. 石墨烯负载的复合材料

这种材料是在石墨烯表面引入其它材料形成的复合材料，包括金属微粒、有机物等，也就是前面提到的改性石墨烯。

3. 石墨烯包覆的复合材料

这种材料是用石墨烯包覆其它材料形成的复合材料。

4. 石墨烯层状复合材料

这种材料是由石墨烯片和其它材料形成的层状复合材料。

第三节　石墨烯-聚合物复合材料

石墨烯-聚合物复合材料是由石墨烯和聚合物组成的复合材料，主要包括三种：

第一种是以聚合物为基体、以石墨烯为增强体的复合材料。

第二种是在石墨烯上修饰聚合物，这种材料也属于石墨烯的改性，在前面进行了介绍。

第三种是用石墨烯包覆聚合物形成的复合材料。

平时所说的石墨烯-聚合物复合材料主要是指第一种。它主要是利用石墨烯具有的优异性能，如力学性能、电性能、热性能等，改善聚合物的相关性能，研制的具有特殊性能的聚合物材料，比如高强度塑料、导电塑料、高导热塑料、耐热塑料等，从而扩大它们的应用领域，提高它们的价值。

2006 年，$Nature$ 报道了研究者制备的第一种石墨烯复合材料，它就是一种石墨烯-聚合物复合材料，由石墨烯和聚苯乙烯组成。这种材料具有良好的导电性、力学性能和热性能。

一、石墨烯对强度的影响

有的研究者在聚丙烯腈中加入质量分数为 1％的功能化石墨烯片，这种复合材料的玻璃化转变温度可以提高约 40℃；有的研究者在聚甲基丙烯酸酯中加入质量分数为 0.05％的功能化石墨烯片，材料的玻璃化转变温度提高了 30℃左右。在一定程度上，玻璃化转变温度代表了聚合物的强度和硬度，所以，人们认为，石墨烯可以使聚合物的硬度和强度提高。

人们制备了石墨烯-聚乙烯醇（PVA）复合材料，当石墨烯的含量为 1.8％（体积分数）时，材料的拉伸强度提高了 150％，杨氏模量提高了 10 倍左右。

在石墨烯-聚氯乙烯复合材料中，当石墨烯的含量为 2％（质量分数）时，材料的拉伸强度提高了 130％，杨氏模量提高了 58％，玻璃化转变温度也提高了。

在石墨烯-聚甲基甲酸乙酯（PU）复合材料中，材料的杨氏模量提高了 7 倍，硬度提高了 50％。

有的研究者制备了功能化石墨烯-聚甲基丙烯酸甲酯（PMMA）复合材料。他们在石墨烯的表面引入了羟基、羧基等基团，发现当功能化石墨烯的添

加量为 1％时，材料的弹性模量提高了 80％，拉伸强度提高了 20％，石墨烯
的强化效果比单壁碳纳米管和膨化石墨都好。研究者用电镜进行了观察，发现
如果用膨胀石墨做增强体时，膨胀石墨的周围比较光滑；而用功能化石墨烯做
增强体时，周围会吸附很多聚合物，这使得石墨烯具有更强的强化作用。

有的研究者制备了功能化石墨烯-聚苯乙烯复合材料，石墨烯的含量为
0.9％时，材料的拉伸强度和杨氏模量分别提高了 70％和 57％。

在石墨烯-环氧树脂复合材料中，石墨烯的含量为 0.1％时，材料的拉伸
强度提高了 45％，杨氏模量、断裂韧性和抗疲劳性能也获得了提高，石墨烯
的增强效果比单壁碳纳米管、多壁碳纳米管和纳米黏土都好。

研究者提出，由于石墨烯可以提高聚合物的强度，所以可以利用这一点制
备高强度塑料。我们知道，普通塑料的强度一般都很低，加入石墨烯后，可以
大幅度提高塑料的强度。有的研究者把这种塑料用于制造汽车部件，既提高了
部件的强度，又大幅度降低了部件的重量，可以节省能源。

二、石墨烯对耐磨性的影响

石墨烯有很好的润滑性和硬度，能够提高聚合物的耐磨性。研究者制备了
石墨烯-PTFE 复合材料，当石墨烯的添加量为 10％（质量分数）时，复合材
料的磨损率降低了 75％。

在橡胶中加入石墨烯，可以提高轮胎的耐磨性。据报道，印度一个私营企
业研制了一种石墨烯-橡胶复合材料。

三、石墨烯对热性能的影响

聚合物的热性能比较差，比如耐热性低、导热性差，在高温下容易发生软
化甚至分解。而石墨烯的耐热性和导热性都很好，所以可以利用它提高聚合物
的热性能。有的研究者提出，在塑料里加入千分之一的石墨烯，就能使塑料的
耐热性提高 30℃。

有的研究者先用十八烷基胺（ODA）对石墨烯进行了改性，然后加入
EVA 塑料中，制造了复合材料。这种材料的拉伸强度提高了 74％，耐热性提
高了 42℃。

有的研究者在塑料里加入了石墨烯，塑料的热导率由 $0.1 \sim 0.5 W/(m \cdot K)$

提高到了 $5\sim10W/(m\cdot K)$，提高了 10 倍以上。这种塑料可以制造 LED 灯的散热材料、汽车散热件或电子产品的散热材料。

四、石墨烯对电性能的影响

多数聚合物都是绝缘体，导电性很低，加入石墨烯后，可以提高聚合物的导电性。

研究者用熔融共混法制备了石墨烯-聚对苯二甲酸复合材料，当石墨烯的含量为 3.0%（体积分数）时，材料的电导率就达到了 $2.11S/m$。

有的研究者制备了聚对苯二甲酸丁二醇酯（PET）-石墨烯复合材料，导电性和热稳定性都显著提高了。

有的研究者制备了石墨烯-聚烯烃纳米复合材料，当石墨烯的含量为 1.2%（体积分数）时，材料的电导率是 $3.92S/m$；当石墨烯的含量为 10.2%（体积分数）时，材料的电导率增加为 $163.1S/m$。

有的研究者用石墨烯研制了导电油墨，导电油墨广泛使用在电子行业中，如手机、太阳能电池、电子纸等。传统的导电油墨是在油墨里添加纳米金属材料，如银粉和铜粉，但它们的价格很贵；而使用石墨烯，可以使油墨的导电性更好，和基体的结合力高，成本也较低，透明度高。

有的研究者制备了石墨烯-聚苯胺复合材料，它具有很高的比电容，循环稳定性也很好，能量密度达 $39W\cdot h/kg$，功率密度达 $70kW/kg$，可以作为超级电容器的电极材料。

五、新性能

石墨烯-聚合物复合材料还具有一些新奇的性能，比如光驱动性。有的研究者先用磺酸基团和异氰酸酯对石墨烯进行了改性，然后加入聚氨酯（TPU）中，制备了复合材料。他们发现，这种材料受到红外光的照射后会迅速收缩，而且有很好的循环性能，所以可以用来制造红外光驱动器件。

有的研究者用化学基团对石墨烯进行改性，通过控制基团的种类和排列方式，可以制造功能性薄膜。比如，可以透过水分子，但不能透过油分子或金属离子。所以这种薄膜可以用于污水处理、海水淡化等。

第四节　石墨烯-金属复合材料

石墨烯-金属复合材料包括下面几种类型。

一、贵金属修饰石墨烯

贵金属纳米微粒有比较好的催化性能，如果直接使用，容易发生损失，比如会被溶液带走。为了节省贵金属的用量，减少损耗，人们提出，用石墨烯作为它们的载体，把贵金属纳米微粒负载在石墨烯片上，也相当于用贵金属修饰石墨烯。其中一种制备方法是：先制备氧化石墨，再进行超声剥离，得到氧化石墨烯；然后将金属纳米微粒附着在氧化石墨烯的表面；最后进行还原，得到石墨烯-金属纳米复合材料。

1. 石墨烯-铂微粒复合材料

石墨烯-铂微粒复合材料具有下面的优点：

① 石墨烯的比表面积大，可以负载较多的铂微粒，从而提高催化效果。文献报道，铂的负载量可以达到40%（质量分数）。

② 石墨烯片能够阻止铂微粒的团聚，提高它们的分散性。资料介绍，铂微粒的尺寸为3~4纳米。

测试表明，石墨烯-铂微粒复合材料的电催化性比单纯的铂催化剂好，可以用在燃料电池中。

2. 石墨烯-纳米银微粒复合材料

纳米银微粒既有催化作用，也具有杀菌作用，相信很多人听到过这种广告：一些空调中有纳米银，具有杀菌作用。

有的研究者在石墨烯表面负载了纳米银微粒，制备了石墨烯-纳米银复合材料。研究者测试了它对大肠杆菌的抑制作用，结果表明，材料可以很好地抑制它的生长。

有的研究者在石墨烯-聚吡咯溶液里加入了粒径在2~5纳米的纳米银微粒，制备了石墨烯-聚吡咯-纳米银微粒复合材料，它具有很好的电催化活性。

有的研究者发现石墨烯-纳米银复合材料对汞有很好的吸附性，所以可以用于水的净化。

3. 石墨烯-纳米金微粒复合材料

研究者发现，石墨烯-纳米金微粒复合材料有很好的催化活性。而且通过控制含金原料的含量和沉积时间，可以调整纳米金微粒的尺寸和形状。

二、块体石墨烯-金属复合材料

有的研究者用粉末冶金法制备了石墨烯-铝复合材料，石墨烯的含量是0.3%（质量含量），材料的抗拉强度比纯铝提高了62%。

有的研究者用石墨烯和纳米铜粉作原料，先混合均匀，然后进行烧结，制备了复合材料，屈服强度达到了476MPa。

有的研究者用CVD法在铜箔的两侧附着了石墨烯，制备了石墨烯-铜-石墨烯的三明治型的复合材料，它在室温下的导热性比纯铜高24%，可以用于集成电路的散热材料。如图15-1所示。

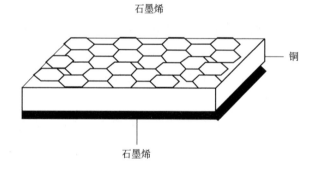

图 15-1　石墨烯-铜-石墨烯三明治型复合材料

有的研究者制备了石墨烯-镍基复合材料，硬度比纯镍提高了4倍，热导率提高了15%，电导率提高了33%。

研究者认为，石墨烯-金属复合材料具有高硬度和高强度的原因有三个：

① 石墨烯可以细化金属晶粒。

② 金属的塑性变形是通过内部的位错滑移进行的，而石墨烯会位错钉扎，阻止它们发生滑移，所以能提高金属的强度。

③ 复合材料受到外界的作用力时，石墨烯可以承受一部分载荷，从而减轻了金属的负担。

三、激光 3D 打印石墨烯-铝纳米复合材料

有的研究者利用 3D 打印技术制备了石墨烯-铝纳米复合材料。他们先用球磨法把石墨烯和铝粉混合均匀，然后用激光进行烧结，得到了块状的石墨烯-铝纳米复合材料。测试表明，这种材料的硬度比纯铝提高了很多，有望应用在航空航天、国防等领域中。

第五节　石墨烯-纳米微粒复合材料

石墨烯-无机纳米微粒复合材料主要有两种类型。第一种是石墨烯负载纳米微粒形成的复合材料，利用石墨烯具有的大的比表面积，作为纳米微粒的载体。第二种是纳米微粒-石墨烯复合材料，它是利用纳米微粒增加石墨烯片层的间距，阻止石墨烯片发生聚集，提高石墨烯的分散性。

在这一节里，主要介绍第一种类型。

一、石墨烯-TiO_2 复合材料

这种材料是把纳米 TiO_2 微粒负载在石墨烯的表面，可以提高 TiO_2 的光催化活性。因为石墨烯有优异的电子传输特性，可以抑制 TiO_2 产生的电子、空穴对的复合。

二、石墨烯-ZnO 复合材料

石墨烯-ZnO 复合材料可以作为超级电容器的电极材料，或作为光催化剂及气体传感器。

三、石墨烯-Fe_3O_4 复合材料

在前面的章节中曾介绍过这种材料，它可以作为药物的载体。具体的制备方法是：先用高温分解法制备 Fe_3O_4 磁性纳米微粒，用羧基进行修饰；然后

制备氧化石墨烯,用聚乙烯亚胺(PEI)进行修饰;两者进行交联反应,就得到了复合材料。

通过控制 Fe_3O_4 的覆盖密度和尺寸大小,可以调节复合材料的磁性。

四、石墨烯-其它金属氧化物复合材料

研究者还制备了石墨烯-Cu_2O 复合材料、石墨烯-Co_3O_4 复合材料等。

五、石墨烯-硫化物复合材料

有的研究者制备了石墨烯-CdS 纳米复合材料,石墨烯可以有效地收集和传输光生电荷,提高材料的光电转换效率,所以可以应用在太阳能电池上。

六、石墨烯-磷酸铁锂(LiFePO₄)复合材料

有的研究者制备了三明治型的石墨烯- $LiFePO_4$ 复合材料。这种材料可以显著提高 $LiFePO_4$ 的比容量和循环性能,所以可以作为锂离子电池的电极材料。如图 15-2 所示。

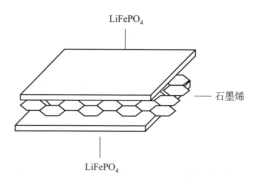

图 15-2 三明治型的石墨烯- $LiFePO_4$ 复合材料

第六节 石墨烯-碳基材料复合材料

前面介绍过,碳家族中的成员各自具有一些独特的性质,所以,人们也研

究了石墨烯和碳家族中其它成员组成的复合材料。

一、石墨烯-炭黑复合材料

有的研究者把炭黑微粒沉积在石墨烯的表面，制备了复合材料。测试结果表明，材料的电化学性能和比电容都优于纯石墨烯，经历 6000 次循环后，电容量只减少了 9.1％。这些结果表明石墨烯-炭黑复合材料可以用于超级电容器的电极材料。

二、石墨烯纳米增强新型复合材料

近年来，碳纤维复合材料由于具有强度高、重量轻、耐高温等特点，在航天航空及民用领域应用广泛。

为了进一步提高它的性能，人们在里面加入了碳纳米管，但是碳纳米管容易发生团聚，导致效果不理想。

最近，我国的研究者研制出"石墨烯纳米增强新型复合材料"，在碳纤维复合材料中，增加了纳米级的石墨烯，进行复合强化。结果表明，材料的韧性、强度、刚度等性能都得到了提高，效果令人满意。

三、石墨烯-碳纳米管复合材料

有的研究者制备了石墨烯-碳纳米管复合材料，它的导电性更高。

研究者用化学气相沉积法制备了一种石墨烯-碳纳米管复合材料。他们通过控制反应时间，调整碳纳米管的长度。测试结果表明，碳纳米管越短，复合材料的电化学性能越好，用它做电极的锂离子电池的电容量越大。

四、石墨烯-富勒烯复合材料

有的研究者制备了石墨烯-富勒烯复合材料，它的储锂效果很好，高于纯石墨烯，可以作为锂离子电池的电极材料。

第七节　发展前景

很多人认为，对石墨烯的产业化来说，石墨烯复合材料是最有可行性的途径之一。应用领域包括功能塑料、电子器件、能量储存、催化、生物医药、航空航天等。

但是，石墨烯复合材料的研究和产业化应用仍面临大量的问题和挑战，例如石墨烯的制备，复合材料的批量化生产，基体和增强体的结合，增强体的数量、尺寸、形状、分布状态的控制以及它们对性能的影响等。

另外，目前的复合材料一般只包括一种增强体，多元增强体的研究还比较少。

第十六章

石墨烯的产业化

——挑战与机遇

2019 年 8 月 14 日，股票市场出现两条新闻："石墨烯概念持续升温""石墨烯概念股快速拉升，德尔未来、维科技术涨停"。2018 年 7 月 17 日，有一条类似的新闻："石墨烯板块集体拉升，德尔未来涨停"。2017 年 11 月 27 日，还有一条新闻："石墨烯概念再发力，绩优小市值股获青睐"……

第一节 广阔的前景——3D 市场

在前面的章节中，已经多次介绍，石墨烯具有多种优异的性质，在多个领域都具有巨大的潜在应用价值，能提升多种产品的性能，推动相关产业的发展，甚至，能够基于它产生一些新的产业。所以，很多人预测，石墨烯有可能会引起一场新的技术革命。

因此，石墨烯在将来具有广阔的发展前景和市场潜力。总的来说，涉及石墨烯的行业可以分为三类。

① 原料制造业。即石墨烯的生产、提纯、检测等。

② 半成品制造业。如石墨烯型材的制造，类似于钢板、钢筋等产品；石墨烯的改性；氧化石墨烯的制造；石墨烯复合材料的制造；等。

③ 终端产业。如石墨烯电池、石墨烯芯片、石墨烯显示器等产品。

一些市场研究机构对石墨烯的产业化进行了分析，预测了它的发展前景。

虽然不同的机构发布的具体数据不一样，但有一个共同点，就是石墨烯的产业化发展速度很快。比如，一个机构发表的统计数据显示：在 2014—2019 年间，石墨烯的全球市场规模呈指数形式增长。如图 16-1 所示。

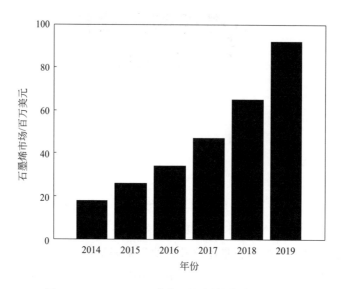

图 16-1　2014—2019 年间石墨烯的全球市场规模

另一个机构统计，在 2015 年，石墨烯的全球市场规模是 453 万美元，预

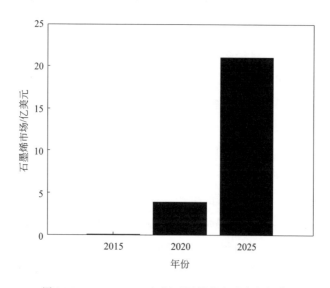

图 16-2　2015—2025 年间石墨烯的全球市场规模

计到 2020 年，可以达到 3.85 亿美元，到 2025 年，可以达到 21.03 亿美元。
如图 16-2 所示。

第二节　国家竞赛

由于认识到石墨烯的发展前景和市场价值，所以，近几年，石墨烯在全球
引起了一股热潮：不仅很多研究机构和企业对石墨烯进行研究和开发，而且，
多个国家的政府也参与其中，从国家层面制定石墨烯的发展规划、制定鼓励政
策、投入资金资助相关的项目，并且组织力量实施，推动石墨烯的产业化发
展，从而形成了一场规模浩大的国家竞赛。

据统计，目前全球已有 80 多个国家和组织参与到了这场竞赛中。其中，
国外影响较大的有美国、欧盟、日本、韩国等。

一、美国

美国对石墨烯的投入时间比较早，而且支持力度、规模都很大，它既重视
基础研究，也重视应用研究和产业化，所以整个行业的发展很健全，也很健
康，上、中、下游协调发展，形成了一条完整的产业链。

在基础研究方面，美国政府投入了巨额资金，支持对石墨烯的科研项目。
有人统计，至今为止，投入的资金已经达到了几十亿美元。其中，在 2006—
2011 年间，美国国家自然科学基金（NSF）资助了约 200 个研究项目；2008
年 7 月，美国国防部高级研究计划署投资了 2200 万美元，资助一个石墨烯的
研究项目；2014 年，美国国家自然科学基金又投入了 1800 万美元，美国空军
科研办公室投入了 1000 万美元，资助石墨烯方面的项目。

在产业化方面，企业界积极参与，包括一些著名的大型跨国公司和众多的
中小企业。IBM、英特尔、波音等公司都投入了大量人力和资金，取得了很多
有价值的成果，如 2012 年，IBM 公司研制了世界上第一款石墨烯集成电路芯
片，将来有希望取代硅芯片；2014 年 10 月，IBM 公司研制了石墨烯 LED，
它的性能优异，而且成本比目前的 LED 低。

二、欧盟

据统计，在 2011 年之前，欧盟各国已经投入了约 1.5 亿欧元，支持石墨烯的研究和产业化。2013 年，欧盟把石墨烯列入"未来新兴旗舰技术项目"，这个项目由 15 个成员国的 100 多个研发团队组成，其中包括 4 名诺贝尔奖得主，计划在 10 年内，投入 10 亿欧元，支持石墨烯的发展。

在欧盟各国中，最引人注目的是英国和德国。受到 2010 年诺贝尔奖的激励，在 2011—2014 年间，英国政府投入 8900 万英镑，资助石墨烯的研究。2013 年，在曼彻斯特大学建立了英国国家石墨烯研究院，负责人是两位诺贝尔奖获得者。英国财政大臣奥斯本说，政府的目的是"确保让英国的发现在英国做出名堂来"。

英国的产业界也不甘落后，涌现出众多企业，积极投身石墨烯的产业化，而且取得了可喜的成绩。其中一家体育用品公司开发了一款石墨烯网球拍，据说，这几年风头正劲的网球明星德约科维奇以及很多其它球星都在使用它。

德国政府在 2010 年就开始支持石墨烯的发展，2010—2012 年期间，投入的经费将近 2000 万欧元。2012 年 10 月，德国慕尼黑工业大学的科学家成功研制了石墨烯光电探测器。德国的企业也积极参与，投入了大量资金和人力，支持石墨烯的研究和开发，其中包括两家著名的跨国公司——巴斯夫和拜耳。

三、日本

日本政府对石墨烯的支持很早：2007 年，日本科学技术振兴机构就开始资助石墨烯材料和器件的研究项目；2011—2016 年，经济产业省启动了一个"低碳社会实现之超轻、高轻度创新融合材料"项目，投入 9 亿日元，资助对石墨烯和碳纳米管的技术研究。

此外，日本的企业也很踊跃，日立、索尼、东芝等公司都积极从事石墨烯的研究和产业化。

四、韩国

韩国的石墨烯产业有自己的特点。

首先，政府大力支持。在 2012—2018 年期间，政府共投入了 2.5 亿美元的资金。

其次，重视产业化。2013 年，政府组织了 41 家研究机构和 6 家企业，建立了石墨烯联盟，互相协作，开展重大项目研究，促进石墨烯的产业化和商业化。目标是形成年产值为 153 亿美元的市场规模，同时培养 25 个全球领先的生产企业。

再次，韩国特别重视知识产权工作，积极申请专利，它在石墨烯方面的专利申请量高居全球第三，仅次于美国和中国，高于日本、欧洲。

由于政府重视产业化工作，所以，韩国的企业表现十分活跃，最突出的是三星公司，在石墨烯的应用研究方面取得很多成果，在石墨烯触摸屏、柔性显示屏等领域，处于世界领先地位。

五、中国

我国在石墨烯领域的发展速度比较快，基础研究和产业化都很活跃，各级政府大力支持，科研机构和企业积极参与，形成了"政-产-学-研"协同发展的局面。

在政府方面，2013 年，工信部发布了《新材料产业"十二五"发展规划》，石墨烯被列入其中；2015 年，国务院印发了《中国制造 2025》，把石墨烯列为"十三五"期间重点发展的新材料之一，目标是"2020 年形成百亿产业规模，2025 年整体产业规模突破千亿"；2015 年 11 月 20 日，工信部、国家发改委和科技部联合发布了《关于加快石墨烯产业创新发展的若干意见》，进一步推动石墨烯产业的发展。在 2007—2012 年间，国家自然科学基金委投入了 3.30 亿元，资助石墨烯方面的基础研究；科技部也投入了大量资金，支持石墨烯方面的研究项目。此外，各地的地方政府也积极制定鼓励政策，建立产业园，支持石墨烯产业的发展。

在政府的支持下，全国涌现了大量石墨烯领域的企业，据统计，截止到 2017 年 2 月底，全国共有 2500 多家，其中有将近 50 家是上市公司。

目前，我国是石墨烯研究和应用最活跃的国家之一，取得了大量可喜的成果。以专利为例，截止到 2018 年，我国申请的石墨烯方面的专利数量居世界第一位，占全世界专利总数的 66.57%，远远领先于其它国家，如表 16-1 所示。

表 16-1　石墨烯技术专利分布情况

国家	中国	美国	日本	韩国	英国	德国
比例/%	66.57	9.71	3.11	12.33	0.61	0.61

在产业界，出现了一批有影响力的企业。比如，常州第六元素材料科技公司实现了石墨烯粉体的产业化，常州二维碳素科技公司实现了石墨烯薄膜的产业化；2012 年，江南石墨烯研究院、常州二维碳素科技公司等研制出石墨烯电容屏手机样机；2015 年，重庆墨希科技有限公司和嘉乐派科技有限公司联合发布了石墨烯手机，这种手机使用了石墨烯触摸屏和石墨烯电池；2018 年 3 月 31 日，在山东菏泽建成了我国第一条石墨烯太阳能电池器件的生产线；东旭光电等企业开发出了高性能的石墨烯电池。

六、累累硕果

在各国政府、企业和研究机构的努力下，石墨烯的研究蓬勃发展。以专利为例，据统计，2004 年，和石墨烯相关的专利申请量只有 30 件，到 2017 年，达到了 13371 件，如图 16-3 所示。

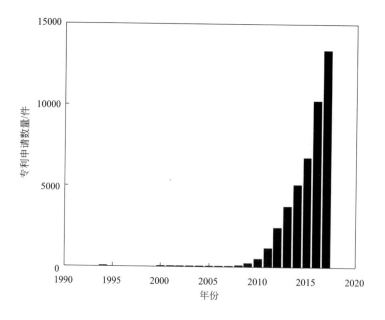

图 16-3　1994—2018 年间全球石墨烯专利申请数量情况

在 2005—2017 年间，研究者发表的石墨烯方面的 SCI 论文情况如图 16-4 所示。

其中，在最著名的两个科学期刊 *Science* 和 *Nature* 上发表的论文如图 16-5 所示。

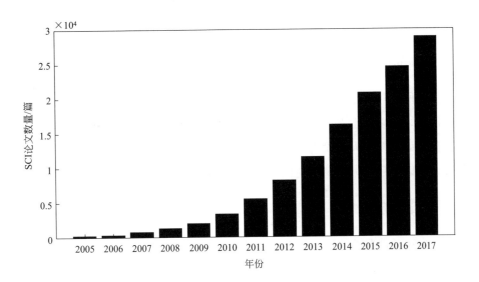

图 16-4 2005—2017 年间发表的石墨烯方面的 SCI 论文情况

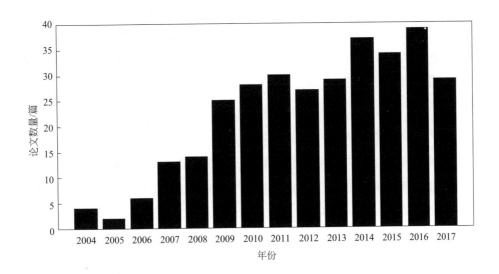

图 16-5 2004—2017 年间在 *Science* 和 *Nature* 上发表的论文情况

第三节　问题与挑战

一、面临的问题

如前所述，石墨烯的基础研究和产业化在全球范围内都取得了很大的进展，但是，很多人也看到了，石墨烯并没有产生原来预期的那种效果，尤其在产业化方面，多数人并没有使用石墨烯产品，甚至只是听说过，并没有亲眼看到过，所以，目前，石墨烯还没有进入人们的生活中。

二、原因分析

产生这种情况的原因有很多，主要如下。

1. 石墨烯的质量

要让石墨烯发挥出作用，要求它的质量符合要求，前面章节中提到的应用，都是以理想的高质量石墨烯为前提。研究人员在实验室里，通过采用高质量的原料，严格控制制备工艺，可以制备出质量较高的石墨烯，但是在工业生产中，这些条件都很难满足，所以生产的石墨烯的质量不理想。在很多时候，工业生产使用的技术和实验室使用的技术可能完全不同，比如生产氧气：在实验室是通过加热高锰酸钾，但是在工厂里是通过液化空气，两者的原理完全不一样。

2. 产品的实际性能

资料中报道的很多应用方面的数据，如石墨烯电池"充电十分钟，可跑1000公里"等，多数是实验室中的结果，但在工业化生产时，产品会受到很多不可控因素的影响，使得最终的产品的性能不令人满意。

3. 成本高

目前，制备石墨烯一般需要使用专业设备，而且工艺复杂，这使得石墨烯的制备成本相当高，价格昂贵，一般达几百元每克，和黄金差不多。而它带来的性能方面的改善难以弥补成本，也就是说，石墨烯产品的性价比较低，难以吸引消费者。比如，据报道，2013 年，国内某企业投产了一条年产量达 3 万平方米的石墨烯薄膜生产线，但是产品的质量不理想，同时生产成本高，使得销量很低。

常言说"无利不起早"，消费者只有看到实实在在的好处——或者性能好，或者价格低，他们才会认可产品。在电视剧《天下第一楼》里，有一句台词："人叫人连声不语，货叫人点手自来。"说的就是这个意思。

三、建议

很多有识之士都看到，目前，石墨烯产业仍处于初级阶段，要想实现突破，需要在多个方面进行努力。

1. 保证石墨烯的质量

改进石墨烯的工业化制备技术，保障石墨烯的质量，这是产业化的根本。

2. 提高石墨烯产品的性价比

这是影响石墨烯产业化的瓶颈。这个事说起来容易，但是实现很难，需要付出艰苦的努力。

3. 避免炒作

目前有很多媒体、企业利用石墨烯的概念做噱头，进行炒作，而且经常夸大其词，目的是吸引消费者。实际上，这属于投机，是一种杀鸡取卵的行为，会带来很严重的后果：消费者可能会认为自己上当了，于是对产品、企业丧失了信心，以后很难挽回。

4. 脚踏实地，开发真正有效果的产品

不追求多，只追求精。在这方面，可以借鉴巨磁阻材料的应用：人们主要用它制造计算机硬盘的读头，消费者看到了它的价值，很快就认可了。

四、第？次浪潮——石墨烯的未来

虽然目前遇到了一些问题，但是，可以预见，随着人们的努力，石墨烯的前景仍很好，将来一定能取得突破。

很多人提到，在历史上，有的技术能很快见到效果，而有的则需要长期坚持，才能拨云见日。其中，硅材料被发现后，经过 20 多年才获得应用；碳纤维从发现到大规模应用更是经历了 50 多年。

安德烈·海姆说过两句话。他在浙江大学做报告时，说："虽然石墨烯现在已不是一个新词，但它将不断带给我们新惊喜。"在另一次接受记者采访时，他说："这一过程就像在隧道里前行，只要看见前面有光线，你只需要脚踩油门就好了。"

让我们以他的话共勉。

第十七章

意义和启示

从前面的介绍可以知道，石墨烯具有重要的科学意义和市场价值，对人类的影响非常深远，而且对未来具有无尽的启示作用，这主要体现在三个方面：首先是科学本身——石墨烯具有特殊的结构、优异的性质和广阔的应用前景；第二，石墨烯对人们将来的科学研究具有重要的启示和引导作用；第三，科学家的工作态度、工作方法对我们也具有非常有益的启示。

第一个方面在前面的章节中介绍了，在这一章主要介绍后两个方面。

第一节　令人期待的"下一个"

一、"下一个"是什么

迄今为止，人们已经发现了石墨、金刚石、富勒烯、碳纳米管、石墨烯等碳的同素异形体，这自然会引起人们的思考：在碳家族里，还有别的成员吗？下一个是什么呢？

所以，对石墨烯的研究有可能引发新型碳材料的发现，比如碳原子链，甚至单个碳原子等。

二、石墨烯和石墨

很多资料里都提到：石墨烯是其它几种同素异形体的基本构成单元——如果把很多石墨烯堆起来，就形成了石墨；如果把石墨烯卷起来，就形成了碳纳米管或富勒烯。

但是直到现在为止，在笔者查阅的资料里，还没有看到这方面的实验。大家知道：很多事情说是一回事，但真正做的时候，可能是另一回事。就拿看起来很简单的一件事来说：把几片石墨烯放在一起，肯定就能制成石墨吗？谁能肯定呢？

另外，很多资料里也介绍：石墨烯并不是金刚石的基本单元，所以也不容易用它制造金刚石。但是，如果真的去动手尝试，可能会发现用石墨烯制造金刚石比制造石墨、碳纳米管还容易！

三、类石墨烯材料

受石墨烯的启示，近年来，人们又发现了一些结构和石墨烯类似的二维材料，如层状二硫化钼、层状六方氮化硼、二维黑磷、锗烯、硼烯、硅烯、铅烯等，它们也引起了人们很大的兴趣。

1. 层状二硫化钼

人们研究发现，层状二硫化钼具有独特的物理、化学性质，在场效应晶体管、传感器、二次电池、有机电致发光二极管等领域有广阔的应用前景。

2. 层状六方氮化硼

研究发现，层状六方氮化硼有优异的力学性能、热性能、化学性能和密封性。

3. 二维黑磷

二维黑磷是另一种新型的类石墨烯材料，最近几年引起人们的很大兴趣，研究非常活跃，而且取得了很多研究成果。人们发现，二维黑磷有很好的电性能、光学性质，在电子、催化、医疗等领域有重要的应用价值。中科大和复旦大学的研究者用二维黑磷制备了场效应晶体管；2016 年，苏州大学的研究者发现，黑磷纳米颗粒可用于治疗肿瘤；2017 年 12 月，中南大学的研究者用黑磷纳米片治疗神经退行性疾病，效果令人满意，而且对正常组织没有明显的毒副作用。

总之，石墨烯的发现引发了人们无尽的思索，也给人们将来的工作提供了方向，相信在不久的将来，会有更多激动人心的发现。球王贝利曾说过一句名言："我最漂亮的进球是下一个。"我们也期待着"下一个"令人振奋的科研成果。

第二节　科学家的故事和启示

石墨烯的意义不只在它本身，它的发现者——两位科学家也给人们带来很多启示。

海姆是荷兰公民，1958年出生于俄罗斯的索契，诺沃肖洛夫拥有英国和俄罗斯双重国籍，于1974年出生于俄罗斯的下塔吉尔，他们两人合作多年。

一、好奇心之一：胶带上有什么？

石墨烯的发现过程显得很偶然：当时，海姆和诺沃肖洛夫的研究目标是石墨薄膜。有一次，海姆让一个研究生制作尽可能薄的薄膜，学生就用砂纸研磨一块石墨。这种方法是大家常用的方法。研磨了很长时间后，学生把样品交给海姆，海姆用显微镜观察后，发现薄膜还是很厚，距离自己的期望很远。两个人都很失望。

突然，海姆看到旁边的一块胶带。他们制作石墨样品时，每次都会用一块胶带把石墨表面被污染的一层粘下来——这种方法就像学生用胶带纸粘错字一样。所以，实验室里这种胶带很多。

海姆看着胶带，禁不住心里一动。他拿过几块胶带，用显微镜观察起来。他惊奇地发现，胶带上有很多石墨片，有的很厚，但有的特别薄，它们就是自己千方百计想得到的薄膜。

从这之后，他们开始做一件令人匪夷所思的事——专门从垃圾桶里捡胶带。很快，他们又有了新的发现：在胶带上，有的石墨片是透明的。人们都知道，石墨是黑色的，所以这个发现和人们的传统观念完全不同。

受胶带的启发，他们设计了一种新的制造石墨薄膜的方法——胶带法，把石墨粘在一块玻璃上，用胶带反复粘住石墨，然后撕下来，这样，玻璃上的石墨越来越薄，最后，竟得到了只有一层的石墨，即石墨烯——这就是震惊世界的诺贝尔奖成果。

当时很多人都用胶带处理石墨，但是从来没有人想过胶带上有什么东西。有很多人认为这只是出于偶然，但更多的人认为，这是由于海姆对别人看起来很平常的事物具有的强烈的好奇心。

可以想想另外一个例子：导电高分子的发现。有一次，日本科学家白川英树的一个学生做高分子实验时，错误地添加了过多的催化剂——比正常用量高 1000 倍，结果得到了一种他们从来没有见过的有银白色光泽的物体，一点也不像高分子材料。按一般人的看法，自然认为这个物体是废物，应该扔掉，并重新做实验。但白川英树并没有这么做，他反而对它产生了浓厚的兴趣，并且想：这个银白色的物体是什么？它既然有金属一样的光泽，那它是不是导电呢？虽然测试结果显示它并不导电，但是，白川英树继续进行深入的研究，最后终于研制出了导电高分子，并获得了 2000 年诺贝尔化学奖。

日本另一位科学家——下村修，在几十年的时间里一直研究水母，即使退休后，他仍然在自己家的地下室做实验。最终，他从水母的体内提取出绿色荧光蛋白，获得了 2008 年诺贝尔化学奖。曾有人问他，为什么那么执着地研究水母，他回答："我只想知道水母为什么会发光。"

大家想想，这几个人是不是很像呢？正是强烈的好奇心驱使他们进行研究，最终获得了可喜的成果。

所以，曼彻斯特大学校长南希·罗斯韦尔评价说："石墨烯是又一个在对科学的兴趣和实践基础上做出重大发现的例子。"

二、好奇心之二：把水倒进仪器里会发生什么？

为了模仿诺贝尔奖，美国的非官方人士主办了一个"搞笑诺贝尔奖"（Ig-Nobel Prizes），从 1991 年开始，每年评选一次，颁奖仪式在十月份，地点在哈佛大学的桑德斯剧场。虽然它的名字叫"搞笑"，但却是从世界各国科学家的真正的研究成果里进行评选的，并不是恶作剧，也不是为了开玩笑。它的评委中包括真正的诺贝尔奖获得者，要求参选的成果在学术杂志上公开发表过。它的最终目的是评选出看着让人发笑，但实际上会让人思考、给人启示的成果，从而激发人们对科学的兴趣。

2015 年，国内曾报道了当年获得"搞笑诺贝尔奖"的一个项目：把熟鸡蛋变成生鸡蛋。这个项目无疑让人感觉好笑，但它的真实目的是蛋白质变性研究，就是让失去活性的蛋白质恢复活性，这在医疗中具有重要的价值。

2014 年的一个获奖项目是研究当人踩到香蕉皮的时候，香蕉皮和鞋底间的摩擦作用；1995 年的一个获奖项目是研究为什么干面条被掰断时，不会只断成 2 段，而是多段；2005 年的一个获奖项目是研究者研究了 131 种青蛙的气味，发现有的青蛙会发出薄荷味，有的会发出甘草味，有的发出腰果味……

总之，这个奖充满了奇思怪想，让人脑洞大开，但它鼓励科学家对科学的自由探索，满足了科学家的好奇心。有人说：这个奖项尊重和支持了人类的好奇心。

在这里说这些有什么用呢？

这是因为，安德烈·海姆和这个奖有关，他也曾得到过它！

2000 年，"搞笑诺贝尔奖"评委决定：把这年的物理学奖授予当时在荷兰奈梅亨大学工作的安德烈·海姆和他的合作者——英格兰布里斯托尔大学的迈克尔·贝利。他们的获奖项目是利用磁场让一只青蛙漂浮在空中。

这个项目同样深深地体现了海姆的好奇心。他们的实验室里有一台精密而且昂贵的设备，能够产生很强的磁场。在一个星期五的晚上，百无聊赖的海姆竟往设备里倒了一杯水！很多人肯定会想，这台设备会不会爆炸？万幸的是，设备没有爆炸，也没有起火，反而出现了一个奇妙的现象：那些水没有流到设备里面去，而是形成了一个水球，飘浮在半空中！

他百思不得其解。但仍没有停止胡闹——他又往设备里扔别的东西，比如西红柿、草莓，没想到它们也飘浮在空中。最后，海姆又往里面扔了一只青蛙，那个青蛙也飘浮了起来！

"飞翔的青蛙"很好地展示了一个物理规律，所以被编入了很多物理课本，因而打动了"搞笑诺贝尔奖"的评委。

海姆说，自己曾收到过一封信，信中说："海姆先生，您好。我对那只悬浮的青蛙很感兴趣，您能给我寄来一些相关的信息吗？我今年 9 岁，想成为一名科学家。"

迄今为止，海姆是有史以来全世界唯一一位获得诺贝尔奖和"搞笑诺贝尔奖"的人。

这件事也给我们重要的启示：有时候，一些看起来有违常理甚至可笑的现象可能具有重要的意义。当然，需要注意尽量不能发生安全事故。

三、好奇心之三——兴趣广泛

正是由于对很多事物都有好奇心，所以海姆的兴趣十分广泛，他也曾研究过壁虎。有一次，他听到一个新闻——科学家用电子显微镜研究壁虎的脚，发现脚掌上有很多凸起，每个凸起上又有更细的凸起，就和金针菇一样。这些凸起使得壁虎的脚和墙壁有很大的接触面积，和墙壁的吸引力很大，所以能牢牢地趴在墙上而不会掉下来。

看到这个新闻，海姆产生了浓厚的兴趣，他根据壁虎的脚掌的结构，研制了一种胶带，这种胶带上有大量的微细的绒毛，从而能产生很大的黏性。

由于兴趣广泛，所以海姆的思路比较灵活，可以从不同的角度思考问题、解决问题。

四、"星期五晚上的实验"——走适合自己的路

可以看到，海姆的研究方向不太固定，变化比较频繁。他对记者说：自己受到"飞翔的青蛙"的启发，更加有意识地拓宽自己的研究方向，经常随心所欲，做一些不合常规的实验。很多这种实验是在业余时间进行的，比如星期五的晚上，所以叫做"星期五晚上的实验"或"随机领域实验"。

从这件事里，我们自然能感受到海姆的另一个品质——勤奋。接受记者的采访时，他说自己信奉这句话："犯错总比无聊好。"与其无所事事，不如做点事情，不能浪费时间，可以说，石墨烯的发现就和这有关。

对自己的研究风格，海姆做了一个比喻：有很多矿藏，有的埋藏得比较深，而有的可能特别浅，如果一个人只挖其中一个矿，势必会错过其它矿；反之，如果多改变挖矿的地点，就有可能挖到更多的矿。

但是日本科学家中村修二的观点和海姆不同，他发明了蓝色发光二极管，获得了2014年诺贝尔物理学奖。中村修二认为，要想取得成功，必须坚持不懈，认准了一个方向，就要坚持下去，永不放弃。

他俩到底谁说的正确呢？只能说，都正确。因为常言说"条条大路通罗马"，每个人的具体情况都不一样，包括个人的性格、兴趣、周围的环境条件等，所以需要走适合自己的路，适合自己的路就是最好的路。

海姆自己也说，不同的人有不同的风格。坚持当然很重要，但前提是选择

的方向是正确的，比如中村修二。但如果发现方向不对，就应该果断放弃，不能钻牛角尖。

所以，海姆并不反对坚持，相反，在自己的工作中，他也始终坚持不懈。前面提到过，在他们之前，也有人试图把石墨分离，但是没有坚持到分离出单层的石墨烯，海姆则能坚持下去：他利用撕胶带的方法得到了单层石墨烯，并且进一步研究了石墨烯的性质，发现了它的很多优异的特性。

五、不循规蹈矩

海姆和诺沃肖洛夫用撕胶带的方法制备出了石墨烯，常规的方法都是用砂纸打磨石墨。按一般人的看法，这种方法太简单、太原始、太粗糙了，很多人可能会想：科学家怎么能做这种事呢？在多数人的印象里，科学家都是使用非常精密的实验仪器，怎么能用这种"土"办法呢？

可能就是这样的想法，束缚了很多人的思维。而海姆和诺沃肖洛夫跳出常规思维，别出心裁、另辟蹊径，才取得了成功。海姆说："我们对周围事物的了解还远远不够，解决具有挑战性的科学问题，往往不需要用高深的理论或复杂的仪器，对日常生活的细致观察与灵活地运用，才是那块最关键的敲门砖。"

六、坦然、淡定的"平常心"

海姆对别人说，在得知获得诺贝尔奖的消息后，自己很平静，获得诺贝尔奖并不会改变自己的生活，自己还会和以前一样工作。甚至得知获奖的当天，他仍按原来的计划去做实验。

另几位科学家也具有这种"平常心"：中村修二在诺贝尔奖颁奖仪式结束后说，自己想赶快回到实验室工作；日本另一位科学家本庶佑获得 2018 年诺贝尔生理学或医学奖后，第二天就把奖金捐给了自己的母校，用来支持年轻科学家的工作，自己继续和平常一样工作。

七、善于合作

可以说，海姆获得的诺贝尔奖和"搞笑诺贝尔奖"都是团队精神的结晶，因为这两个项目都有合作者。"飞翔的青蛙"项目，属于跨国合作——当时海姆在荷兰的一个大学工作，合作者是英国一个大学的研究者。

而制备石墨烯的合作者是康斯坦丁·诺沃肖洛夫，他们从 1994 年起就开始合作了。海姆评价诺沃肖洛夫说：自己发现很多人都不能长时间坚持工作，而诺沃肖洛夫却能做到这一点，能够始终如一地认真工作，坚持不懈。所以他们先在荷兰一起工作，然后又一起到英国曼彻斯特大学。

从海姆的话里可以看到，他们两人有一个共同点：勤奋、努力。

同时，他们也有不同的地方，诺沃肖洛夫比较热情、开朗，得知获奖消息后，他说："我非常高兴，第一个想法就是跑进实验室，告诉整个研究团队。"

心理学家认为，人一般喜欢两种人：第一种是和自己相似的人，第二种是和自己互补的人。海姆和诺沃肖洛夫同时属于这两种人：有的方面相似，有的方面互补。

从上面的介绍可以看到，海姆和诺沃肖洛夫有太多的故事，有人说，如果以他们为主角拍一部电影，那一定是一部很好的励志片。

以前看《马拉多纳传》时，作者在结尾的一句话给我留下了很深的印象："我们相信，将来他还会有更多更精彩的故事。"

我们也有理由相信，这句话同样适用于海姆和诺沃肖洛夫，将来，他们一定还会有更多更精彩的成果。